正念练习

如何教孩子释压、稳定情绪、提升专注力

[美]卡拉·瑙姆伯格 | 著
（Carla Naumburg）

张玉亮 | 译

图书在版编目（CIP）数据

正念练习：如何教孩子释压、稳定情绪、提升专注力 /（美）卡拉·瑙姆伯格著；张玉亮译. -- 北京：北京联合出版公司, 2024.5
ISBN 978-7-5596-7445-6

Ⅰ.①正… Ⅱ.①卡… ②张… Ⅲ.①心理压力—心理调节—儿童读物 Ⅳ.①B842.6-49

中国国家版本馆CIP数据核字（2024）第044978号

READY, SET, BREATHE: PRACTICING MINDFULNESS WITH YOUR CHILDREN FOR FEWER MELTDOWNS AND A MORE PEACEFUL FAMILY by CARLA NAUMBURG
Copyright: © 2015 BY CARLA NAUMBURG
This edition arranged with NEW HARBINGER PUBLICATIONS
through BIG APPLE AGENCY, LABUAN, MALAYSIA.

Simplified Chinese edition copyright © 2024 by Beijing United Publishing Co., Ltd.
All rights reserved.
本作品中文简体字版权由北京联合出版有限责任公司所有

正念练习：如何教孩子释压、稳定情绪、提升专注力

[美] 卡拉·瑙姆伯格（Carla Naumburg） 著
张玉亮 译

出 品 人：赵红仕
出版监制：刘 凯 赵鑫玮
选题策划：联合低音
特约编辑：赵璧君
责任编辑：翦 鑫
封面设计：今亮後聲
内文排版：聯合書莊

关注联合低音

北京联合出版公司出版
（北京市西城区德外大街83号楼9层 100088）
北京联合天畅文化传播公司发行
北京美图印务有限公司印刷 新华书店经销
字数114千字 880毫米×1230毫米 1/32 6印张
2024年5月第1版 2024年5月第1次印刷
ISBN 978-7-5596-7445-6
定价：42.00元

版权所有，侵权必究
未经书面许可，不得以任何方式转载、复制、翻印本书部分或全部内容。
本书若有质量问题，请与本公司图书销售中心联系调换。电话：（010）64258472-800

书中都是乐趣无穷的锦囊妙计……如果每位家长都能读一读这本书,那么我们的家庭都会越来越幸福。

——以利沙·戈尔茨坦(Elisha Goldstein)博士
正念生活中心联合创始人,
著有《揭开幸福的面纱》(Uncovering Happiness)

这本书是一本非常棒的"正念练习"入门书。卡拉告诉我们应如何帮助孩子保持专注力、管理情绪、培养同理心,以及真正地认识自我。书中内容通俗易懂、生动有趣,所介绍的方法简单易行,方便家长和孩子共同训练,它一定会是家长和孩子们的福音。

——萨拉·鲁德尔·比奇(Sarah Rudell Beach)
教育学硕士、正念导师、睿灵正念有限公司执行董事、
左脑佛陀网站创始人

卡拉·瑙姆伯格的写作紧贴实际、谦逊智慧,又有着深切的同理心,别有一番风味。在《正念练习》一书中,她为父母和孩子的正念练习提供了诸多简单实用的方法。让我们一起开始练习正念吧!

——黛博拉·索辛(Deborah Sosin)
临床社会工作者、艺术硕士,
著有《夏洛特和她安静的角落》(Charlotte and the Quiet Place)

《正念练习》这本书满足了读者的期待,为家长们提供了简单易行的练习方法,把正念真正融于家庭生活的甜蜜琐事中。本书内容翔实,语言幽默,引人入胜,不失为一本育儿类必读好书。

——艾米·萨尔茨曼(Amy Saltzman)
临床医生、著有《清静之地》(A Still Quiet Place)

无论你多忙碌，都能从这本简单、温馨又直观易懂的正念指南中，找到适合的指导和建议。这本书既能帮助孩子管理情绪，又能帮你免于情绪失控。

——克里斯托弗·威拉德（Christopher Willard）

哈佛医学院心理学博士，著有《正念成长》（Growing Up Mindful）

这本书思路清晰，内涵丰富且趣味十足，实乃诚意满满的佳作。它将正念的奥秘传入千家万户，为那些不知道该如何带孩子练习正念的家长提供了全方位的指导。我向大家强烈推荐这本书，而且我自己也会坚持跟练！因为有了卡拉这些简单多样的正念练习方法，越来越多的家庭充满了温馨与和谐。另外，这本书也是我读过的所有正念书籍中最简单明了、务实的一本。它真的可以改变你的生活！

——亨特·克拉克-菲尔兹（Hunter Clarke-Fields）

航空工程学硕士、瑜伽教练、亨特瑜伽创始人

这本书给家长们提供了各种各样的正念方法和实践活动，让育儿更加快乐有趣，家庭更加幸福和谐。卡拉用恰到好处的方式娓娓道来，让你读起来如同与好友谈心般轻松愉快。

——詹妮弗·科恩·哈珀（Jennifer Cohen Harper）

文学硕士、儿童瑜伽师、小花瑜伽创始人、学校瑜伽计划创始人，童星伊莎贝尔·梅（Isabelle May）的母亲，著有《小花儿童瑜伽》（Little Flower Yoga for Kids）

卡拉·瑙姆伯格的《正念练习》是一份送给父母们的礼物，它通俗易懂，又令人着迷，书中所呈现的正念练习方法对家长和孩子来说简单易行，意义非凡。

——苏珊·凯瑟·葛凌兰（Susan Kaiser Greenland）

内心小孩联合创始人，著有《培养灵气的孩子》（The Mindful Child）

谨以此书献给我的家乡，献给我所有已为人父母的朋友，他们为抚育子女尽心竭力、尽善尽美。育儿之路实属不易，能与你们一路同行，我心怀感恩，感激你们的幽默风趣，感激你们的坦诚相待，感激你们的无私支持。没有你们，我和我两个孩子的生活也不会如此多姿多彩。

目录

引　言　/001

　　理解孩子们的难处　/004

　　压　力　/005

　　情绪调节　/006

　　注意力缺陷　/007

　　家庭正念练习的好处　/010

　　注意事项　/013

　　用书指南　/016

　　勇敢地迈步前行　/020

Part 1
进入正念状态　/023

第 1 章　正念对儿童成长的作用　/025

　　究竟什么是正念　/027

　　　　正念的益处 /040

　　　　正念练习的步骤 /043

第 2 章　从父母开始的正念练习 /051

　　　　孩子生气时，不能只教他们放松 /054

　　　　正念练习有两种基本方式 /058

　　　　与孩子分享自己的实践经验 /068

Part 2
给孩子传授正念之道 /073

第 3 章　帮孩子寻找自己的内在"禅师" /075

　　　　保持正念状态 /077

　　　　孩子处于正念状态的时刻 /080

　　　　如何更好地应对孩子的正念时刻 /088

第 4 章　留出时间做正念练习 /099

　　　　为正念练习创造时间和空间 /100

　　　　打造用于冷静的角落 /110

第 5 章　和孩子聊聊正念 /117

　　　　注意力 /118

　　　　一切困苦终将过去 /127

　　　　正念的关键：与人为善和好奇心 /128

　　　　选择正念 /130

第 6 章　制作家庭正念"玩具箱"　/ 133

　　　　应对挑战的不二法门：呼吸　/ 135

　　　　将正念融于不同场景　/ 137

　　　　正念的技巧　/ 143

　　　　如何帮孩子在负面情绪中保持冷静　/ 151

鸣　谢　/ 159

资源库　/ 161

参考文献　/ 171

为本书提供帮助的父母们　/ 175

引 言

"你能不能消停会儿，好好喘口气？！"一天早上，我朝我五岁的大女儿大声吼道。今早我们俩都从起床气开始，便一发不可收拾。我在厨房里忙活，她就一直缠着我，又哭又闹，一会儿嫌她喜欢的那种燕麦已经吃完了，一会儿又抱怨我不让她带喜欢的玩具去幼儿园。她四岁的妹妹本该安静地坐在餐桌边吃早饭，可她一会儿拿个玩具，一会儿又跑去未完成的画作前画几笔。如此这般，我不得不一直催着她，让她赶紧好好吃饭。与此同时，我自己还有一大堆事要干——准备午餐、梳洗打扮、收拾公文包，还要催着她们按时出门。在我内心深处，我还在对那天下午要离家出差三天感到有点愧疚。虽然我知道孩子们在家里跟着爸爸也能过得不错，我也知道孩子们这样闹腾，归因于我马上要出差，但我还是忍不住对此感到难过。我恨自己不能像大女儿那般精力充沛，各种事情让我应接不暇，身心俱疲。大声斥责她去做深呼吸，是那一刻我觉得自己能做到的最符合正念的事——但恰恰相反，这样做跟正念一点儿都不沾边。

不出所料，她也学着我的样子，朝我吼道："妈妈，我不要喘气！"

她并没有意识到自己这样说有多荒谬，但却把我从烦躁的思绪中拉回，清醒地洞察当下发生的一切。我放下手中的黄油刀，双手撑在台面上做了几个深呼吸。等我的心情稍微平静一点，我便过去抱起她坐在我的腿上，继续做深呼吸。慢慢地，她的小胸脯也不再那么气鼓鼓了，呼吸也渐渐平缓。几分钟后，她问我这是在做什么。

我告诉她："妈妈只是在做深呼吸而已。"

她笑着说："我也是。"

我们又做了几分钟的深呼吸。我只知她是在呼吸，但并不确定她能不能像我一样在感受自己的呼吸。我可以有意识地感受气息在鼻腔内吞吐。每当我的意识转到那一堆日常琐事上，转到该如何让妹妹好好吃早饭上，转到这些让我紧张的想法上时，我都会让这些烦心事消失，继而意识又回归到我的呼吸上。据我猜测，我的宝贝可能也会在想她的小布娃娃，想她的独角兽玩具，或者惦记着她喜欢的冰激凌三明治，反正绝不可能是在感受她自己的呼吸。事实上，这无须在意。重要的是，当我再次回到厨房时，我们都冷静多了，关系也更为亲密，彼此惺惺相惜。虽然一切看起来都和刚才毫无二致：大女儿早餐依旧没吃到自己喜欢的麦片，也不能如愿把玩具带到学校，我仍旧有一堆数不完的待做事项。但唯一不同的是，当我们的内心由暴躁转为平静时，彼此就可以更加游刃有余地应对各自的挑战了。

这个早晨，从我放下黄油刀深呼吸的那一刻起，生活重新接入正轨。那一刻，我有意识地让自己进入更为专注的状态，只关注当下，停止批判，放下期待。以前的我，早上起来就做两件事：一件是洗个澡，梳妆打扮或者做顿早餐来唤醒我的身体；另一件则是用压力、担忧和内疚来蹂躏我的心灵。这种形神分离的状态，不知不觉中已经成了我们大多数人的生活方式。虽然偶尔一心二用可以提高一点工作效率，但却成了我们现代人的通病。其实，更多时候，它会导致人们心烦意乱，做事疏忽大意、纰漏百出，对孩子失去耐心，等等。那天，我虽然人在厨房做三明治，但却一直沉浸于胡思乱想中，没能真正注意到她的需求，这才使得我们陷入了玩具和麦片之争。诚然，我只有用心关注当下，才能以更加巧妙、有效的方式做出回应：给予我女儿一直期待的关注。深呼吸是帮我消除杂念、回归当下的关键一步。这就是正念育儿的全部内容：选择关注此时此刻，心怀善意与好奇心。这样我们在不知所措时，才能做到深思熟虑、审时度势，而不会因为心烦意乱而草率行事。

成年人会因杂念太多而分神，会因无能为力而困扰，会因情绪失控而难过。同样，我们的孩子也会为这些烦心事而困扰，而且他们还不知道该如何合理有效地应对，这就需要家长为他们指点迷津。很多父母会给孩子准备奖励积分表或者惩罚凳[1]，这些虽然在某种程度上会有所帮助，但问题是，这些是来自外部的反馈和规则。如果没有家长的监督，根本无法改变其行为。正念是基于每个孩子内在经验和观点的一项技能，无论外部环境如何改变，都可以使其受益一生。

这部分内容将会在第 1 章中进行详细介绍，但在此之前，我们有必要了解孩子们的困扰及其背后的原因。

理解孩子们的难处

那天早晨，其实就如同往常一样，我的两个女儿只是经历了所有小孩都已习以为常的三种困扰：紧张不安、情绪失控以及注意障碍。这都是人类天性的一部分，每个孩子都要学会处理这些因各种原因而滋生的问题。首先，孩子们每天都在经历各种挑战，大到校园霸凌，小到每天的作业，甚至是学校餐厅里不合心意的菜品都有可能成为他们的困扰，让他们陷入紧张、恐惧、无奈的旋涡。其次，孩子们学会以健康、有效的方式应对生活中的挑战，控制负面情绪，是他们自我成长的必修课。对于如何识别、标记和处理自己的感受，他们还处于探索阶段，这也是他们不开心时会乱扔玩具或无理取闹的原因。最后，儿童阶段的大脑，尤其是负责保持冷静、集中注意力和权衡利弊等相对高级的功能，还没有发育

---

[1] 指当孩子犯错误时，让其在指定的椅子上坐好，面壁思过。两岁的孩子一般坐两至三分钟，随着年龄的增长，时间可以适当延长。其目的是让孩子学会管理自己的情绪，更正自己错误的行为。——编者注

完全，这就意味着遇到不顺心时，他们大脑中倾向于打斗、逃跑、全身僵硬或者抓狂的机能会优先启动，从而对他们进行干预。慢慢读完整本书后，你将会发现正念练习可以帮助孩子们更加有效地应对压力、调节情绪和解决注意力困难等问题。

压 力

人们对压力的定义五花八门，有人认为工作负担过重是压力，有人觉得在困境中努力试着生存是压力，也有人感觉跟难以相处的人交际是压力。我们时常觉得，无论是我们的老板、父母、孩子的老师，还是世界上的其他任何人，只要他们能冷静一点，我们的压力就会少一点。但这种想法忽视了每个人在感知和应对压力过程中自身所应扮演的角色。每个人面对逆境的不同态度，取决于个人的气质类型、行事风格、生活经验、外部支持，以及应对技巧等。因此，我更认同心理学家理查德·拉扎勒斯对压力的定义，该定义侧重于我们自身与刺激事件的关系以及对该事件的掌控感。无论刺激事件是什么，只要超出了我们的承受范围，就会产生压力。

诸如父母离异、亲人去世、疾病困扰、校园霸凌、学业不精，甚至无家可归、长期遭受冷落虐待，等等，此类情形都会让儿童感到有压力。然而，许多看似平常的生活经历，包括那些我们大人习以为常的童年经历，比如转学、课业繁重、与兄弟姐妹打架、看恐怖电影、和同学吵架，甚至与出差的父母道别,也可能成为孩子生活中的压力来源。诚然,适当的压力可以激励孩子完成作业、保持房间整洁,或是在足球场上踢进制胜一球。但过大的压力,则会对他们的身体机能、大脑发育,以及学习整合新信息的能力产生破坏性的影响。日积月累,压力若得不到释放和调整,哪怕是来自很小的压力源,也会对孩子产生重大影响。在高压环境中生活的孩子,睡眠、饮食、注意力、思维能力、问题解决能力、社交能力,以及在家庭和学校的表现方面可能都会产生问题。

情绪调节

你兴冲冲地跑到最喜欢的餐厅,却得知你心心念念了一周的意面料理竟然已经不再供应,此时你会做何反应呢?我猜你一定会很失望,但是你也只会对服务员表达一下,你有多么希望这道料理能重新出现在菜单上,随后又点了份别的菜品,仅此而已。我想你肯定不会躺在地上撒泼哭闹,直到有人把你带离现场。你之所以不会像蹒跚学步的小孩子那样乱发脾气,是因为你已经拥有了情绪调节的能力。你会表达对餐厅更改菜单的看法,并得到别人的理解,但你绝不会在餐馆里大喊大叫,因为这种不可能为社会所认可的行为,即使你心里可能很想放肆一把,你也不会去做。

情绪调节能力,或是对自己所经历的每一种感受不立即做出反应的能力,是孩子们面对的最大挑战。当孩子无法控制情绪时,他们往往会尖叫、打人、咬人、摔东西,或做出其他不合时宜的行为，心情可能很难平静下来。与应激反应不同，不同的孩子，他们的认知和管理情绪能力会天差地别。有些孩子天生遇事冷静，而有些孩子则不然，他们难以处理自己的负面情绪，在学业和社交方面也会处处碰壁：如果他们忍受不了数学考试的枯燥，也就很难上交完美的答卷；如果他们在赛场上脾气暴躁，或者经常耍脾气、撂挑子，也就很难交到知心朋友。

虽然控制负面情绪在成长过程中不可避免（没人会指望嗷嗷待哺的小婴儿能耐心地等到饭点才喝奶），但掌握一些与孩子互动和回应的方法，可以帮助他们避免情绪崩溃，或者至少在他们情绪崩溃时，能够帮助他们尽快平复心情。关于这一点，我在本书中还会详细讲解，在这里先长话短说：我们身为父母要先让自己冷静下来，然后与孩子共情，帮助他们正确认识和理解自己的情绪，最后指导他们回归现实，回归理智。

注意力缺陷

据美国疾病控制与预防中心（US Centers for Disease Control and Prevention）2014年的统计数据，每年都有越来越多的儿童被诊断为注意缺陷多动障碍(ADHD)。其原因涉及范围颇广，众人各执一词，有人认为这是因为医生越来越热衷于鉴别这种病症，也有人将此归咎于饮用水中化学物质的残留。但是，没人能够给出肯定的答案，不过可以确定的是：日常生活中，孩子们根本没有机会长时间保持注意力集中。孩子们每天都在我们的催促声中度过，马不停蹄地穿梭于不同的活动中；他们会聚精会神地盯着屏幕上每隔几秒就会变化一次的五彩斑斓的图像；他们走马观花式地浏览一个又一个网站的信息。

现代社会的各种诱惑，绝不是孩子们注意力不集中的唯一原因。实际上，注意力分散本就是人的天性之一。我们大脑负责对所见所闻进行思考、好奇、担忧、质疑、记忆、推理和猜测，它的任务就是要不断地观察周围的环境。这在某些情况下非常有用，比如年轻的足球运动员能够注意到场地中间的大坑，在冲向球门时可以安全地避让。可见，注意力的快速转移对孩子也是有益的，所以只要他们想专注或需要专注时，执着于此就可以了。如果他们无法确定自己需要专注于什么，而且又极易被周围眼花缭乱的物品或是偶然闪过的念头分散注意力，那么问题就出现了。

这时，我们会对孩子说"集中注意力"或者"专心"。可是我们却无法准确告诉他们何为专心、如何专心，也不给他们练习专心的机会，那么他们又怎么可能会更上一层楼呢？教给孩子如何以具体、有意识的方式引导和保持专注，以帮助他们缓解压力、克服困难，这是正念的意义所在。正念，即有意识地关注当下，不予评判，不做期待。它根植于古老的智慧，亦经过了现代科学的实证——大脑图像在正念练习后，确实发生了改变。

幸运的是，正念是一项可以教授给孩子们的技能，并不只是陪着他们一起练习呼吸。正念也可以融入我们生活中那些或美好或艰难的时刻。教孩子正念练习的方法有很多，我将重点介绍其中三种，并对每一种进行细致的讲解。

1. 为孩子建立正念模式。众所周知，我们给孩子指示或建议时，他们并不是每次都能对此言听计从。当他们不感兴趣时，我们所能做的，就是尽可能多地用共情、接纳和善意来回应当下。只要每次都能够做到这一点，我们就能为他们建立一种在困难场景下该如何用正念进行应对的模型。这是至关重要的一点，也是我将在本书中不断强调的一点。

2. 分享一项具体活动、一本书或一次冥想，目的是教授正念的表达、概念和实践。当父母和孩子都情绪稳定，而且彼此心意相通时，便是孩子正念练习的黄金时刻。你可以选择与孩子一起读一本关于"正念猴子"的绘本，或者一起为一幅曼陀罗绘画[1]上色，或者来一次正念行走，分享你们的感受，抑或是在餐前做一次简短的感恩分享。

3. 当孩子遇到困难时，父母应该教他们如何使用正念练习进行自我安慰，比如做三次正念呼吸，或者在安静的角落待一会儿（详见第 4 章），或者来一场正念行走。一开始，最好是陪伴孩子一起练习，因为陪伴比单纯的说教更有效果。

你可以随意尝试不同的方法来教孩子正念练习，我想过不了多久，你就能找到与你孩子相契合的正念练习方法。不

---

[1] 指结构严谨，以圆形和方形结合而成的图案。其常用于激发自信心和内在动力，是表达性治疗的一种重要方式。——编者注

久之后，正念练习就会成为你们生活中极为自然的一部分。

家庭正念练习的好处

市面上有不少关于教孩子正念练习的书籍（我在参考文献中列出了其中一部分）。这些书中提及的大部分练习方法和活动形式，都是作者根据自己在学校和诊所中为孩子做正念训练的经验总结所得。如果你家附近有类似的训练课程，我强烈推荐你们参加，我女儿就很喜欢她最近参加的儿童正念课外辅导班。不过，其他家长和老师也会跟你讲，这与在家里和自己的孩子互动学习是完全不同的体验。孩子在学校学习正念，通常会有一个相对安静的环境，老师会特意留出练习时间，同时还会悉心准备丰富多彩的活动。此外，老师和学生间基本不会存在"权力竞争"的问题。再者，同伴压力的影响也不容低估。孩子们在学校活动中不太可能大喊大叫着"我不想做深呼吸！"，然后跺着脚愤然离去。

父母应该引导孩子使用正念来克服困难，特别是在他们大发脾气、垂头丧气，或怒气冲冲的时候，这时任凭父母说什么，孩子都听不进去，因为他们会觉得父母不能与自己共情，只会一味地批评自己。其实，所有人都不喜欢这种感觉，包括你我在内。而且，我们对孩子给予的帮助，可能会因为亲子关系的权利不对等、孩子间的争宠、家长疲惫、沮丧的状态，以及当时具体情况的不同而变得越发复杂。所有这些都在告诉我们，在家里对孩子进行一对一的正念教育，与他们在学校里集体接受正念教育是截然不同的。这也是我专门为家长们写这本书的原因，也是本书会参照正念养育的家长经验来编写的原因。我们介绍的这些技巧和方法，也正是他们教给自己孩子的。我采访了近三十位父母，话题围绕着他们对正念的理解、正念练习的方法，以及他们如何与孩子分享正念的技巧。最重要的是，我了解到了哪些方法行之有效，而哪些又是徒劳无功的。

诚然，家长在引导孩子了解正念力量方面，发挥着学校教育所无法替代的作用。我们见证着孩子们最美好的时刻，也亲历了他们最糟糕的瞬间，而这些正是感悟人生的关键时刻，也是转变发生的关键时刻。孩子本就喜欢观察和模仿父母，正因如此，家长可以在潜移默化中教会孩子正念，让生活充满意义。我要讲的是，用一些细微且频繁的日常互动和回应来营造正念的家庭氛围，让正念如空气般围绕在孩子身边。随着时间的推移，在彼此朝夕相处间，孩子学会了如何在困境中专注当下，让沉稳冷静成为他们的第二天性。

尽管正念很有效，但如果这些练习没能立竿见影，或者孩子对你的建议毫无兴趣，我希望你不要气馁。首先，我们不能仅靠一项活动来论成败，而应注重观察孩子的整体表现。虽然正念的即时效果往往不易察觉，但你会慢慢发现，我们的孩子看起来比之前更为沉着冷静。此外，正念不同于其他的干预方式，它并非临时速成，即无法在孩子急需时快速灌输进入大脑。我在后续研究中发现，正念并不只是简单地让孩子收获并保持快乐，而是训练他们接纳当下发生的一切，这意味着我们会共享美妙的时刻，当然也意味着我们要一起经历情绪暴风雨的洗礼，直至雨过天晴。好消息是，沉静愉悦是正念练习中普适的正向反馈，因此，我们和孩子在一起时，也不会因为他们乱发脾气而抓狂。但是，如果你的出发点是期待孩子脱胎换骨，或是只为惩罚孩子，那就完全偏离了正念的本意。

最后我要说的是，各位父母都给孩子做过睡眠训练或如厕训练吧，幸运的话可能会在第一次就成功了，但更多时候你需要尝试不同的方法，才能达到最佳效果。正念训练亦是如此。最重要的是，我们开始把注意力聚焦于孩子身上了——开始关注他们的内心和兴趣，关注他们更适合哪一套方式方法，关注该如何利用他们的优点因材施教。举个例子，我大女儿的嗅觉和味觉都格外灵敏，所以用闻香识物的训练来开启她的正念练习是再好不过的选择了。同时，她非常喜欢她的玩偶，我们会把玩偶放在她的小肚子上，让她观察玩偶会随着自己的呼吸在肚子上起起落落，她还会用这种方法哄玩偶睡觉。这些方法对她来说，真的再合适不过了。我再次重申，你永远不知道哪个方法会管用，也不知道它会在什么时候管用。我采访过的一位母亲说"信任正念练习的过程才最重要"。一行禅师认为，我们只是在"播种正念的种子"。我们播下的种子越多，其中的一颗或几颗就越可能生根发芽。有位妈妈说道，她儿子看起来很抗拒和她一起练瑜伽，但没过几天，却在她不注意的时候，自己偷偷学习了瑜伽教学视频。

注意事项

那天早上,在厨房里我除了对大女儿大发雷霆外,本可以有很多其他的选择来回应她,如可以让她去坐惩罚凳,或者迁就她的要求,再或者告诉她如果不乱发脾气,就可以在积分榜上增加一颗星。只是这些方法我以前都试过,结果都收效甚微。也是在那天,我记起了可以用一种与以往不同的方法——正念,来应对孩子们的挑战。我之所以和大家分享这个故事,是因为它刚好阐述了正念的几个重要观点,而这些观点将在本书中得到更全面的阐释。

首先,正念练习是处理和解决负面情绪的特殊方法,其中的负面情绪包括悲伤、愤怒、压抑、沮丧、无聊等等。它不是为了惩罚和管教孩子,也不是为了消除孩子的问题行为。它只是为了让孩子学会觉察和接受当下,安于此刻,不评判、不强求。只要我们能做到这一点,遇事时便可以做出慎重且理智的决定。那天早上,当我女儿乱发脾气时,我只想朝她大吼大叫,让她安静点。而我在平心静气之后,才发觉她的本意是想让我多关注她一些。在理解了这层意义后,我便能给予她恰当的回应了,最终我们安然地度过了那个早晨。尽管我没有火急火燎地冲出去买她喜欢的燕麦片,也没有取消自己的出差行程,但我们还是迅速进入了更加融洽的状态。通过专注和接纳当下的正念练习,我们在陷入困境时能够比往常更善于对症下药。

如果这是你第一次看有关正念的书籍,对我所说的内容还有点云里雾里，请放心，我会把有关正念的一切，包括它的概念、它为何有效以及最重要的部分——如何进行训练，都事无巨细地讲给你听。

我们要时刻记住，教孩子们正念，不同于教他们骑自行车，自然也不会像打个响指那样奇迹般地如你所愿。再者，整个过程需要不断试验、不断播撒正念的种子，需要我们坚持与孩子分享正念生活的理念，需要我们坚持进行日常的正念实践，日复一日，年复一年，终有一天这些想法会生根发芽。

逼迫别人学习正念是不可能的。正念是一种心理状态，它只能由孩子自己来掌控。一方面，一旦孩子意识到这点，正念将会给他带来无与伦比的掌控感。另一方面，当你和孩子一起进行正念练习时，他们的思绪极有可能会游离到十万八千里外，唯独不会停在当下。但这也没关系，慢慢来，保持平静，给正念一个机会，静待花开。

值得一提的是，正念练习绝非惩罚，二者之间绝对没有丝毫关系。我在本书开篇时就说过，在孩子做错事时，强迫他做冥想或深呼吸，只会适得其反。

正念练习在短期内的确会产生巨大影响。在理想条件下，我们可以一直保持正念，但现实中，绝大多数孩子并非成长于禅宗寺院内。正念就如同肌肉，用进废退。坚持帮助孩子锻炼正念"肌肉"的同时，你会慢慢发现，只需几次正念呼吸便可以让孩子冷静下来，帮他们弄清楚当前的状况和自己的需求，然后决定自己下一步的行动。本书中大部分的练习活动，只需几分钟就可以完成，但是持之以恒的练习才是关键。相较于每周只做一次长时间练习，每天腾出五到十分钟进行一两次简短练习，会事半功倍。

同样，当你的孩子聚精会神地沉浸于自己的世界时，也许是在画画、踢球、搭积木，甚至只是在外面玩，他都在保持正念状态，我将在本书第 3 章详细讨论这一问题。但此处的重点是，教孩子正念并不是逼迫他盘坐在冥想垫上，其实你只需要教给他正念练习的意义，他就可以自行进行正念练习，以及知道如何练习才能使其更具连贯性和觉知力。

重要提醒：沉迷电子产品并不是正念。这是我们无论如何也绕不开的话题。孩子在看电视、玩游戏时看似平静而专注，但这并不是正念练习，更不能将其作为孩子学习有意引导和保持专注的方式。孩子紧盯屏幕的时候，对自己的行为、思维和感觉都没有觉知，对自己手头的事情也没有投入丝毫有意识的注意和好奇心。不知道你们有没有过这种感觉，觉得自己的孩子看电视时，看起来怎么那么像僵尸宝宝？其实你的直觉是对的。因为这时他大脑中掌管思维和意识的区域几乎是休眠状态，只是在对眼前闪烁的图像做着无意识反应。我不是要求你让孩子完全远离电子产品，毕竟这是你的家事。我只是提醒大家，千万别误以为这也算正念练习。

最后一点，也是至关重要的一点：想教会孩子学习正念，必须先从自身做起。事实上，即使你只是在做正念练习，孩子也会从你源源不断的关注和接纳中获益良多。毋庸置疑，我采访过的父母都说，他们对其他父母最重要的建议就是，如果我们自己都还没有开始正念练习，甚至都不愿意和孩子一起练习，那么他们又如何学会正念呢？在我帮助女儿平静下来的事例中，相信你也看到了，我们根本不必表现得有多么完美，但请务必陪着孩子坚持练习。这并非轻而易举，但如你所见，这的确值得一试。

用书指南

本书分为两个部分。在第一部分中，你将详细了解到正念的相关定义、正念的方法，以及正念练习的意义。此部分将探讨陪孩子一起进行正念练习的重要性，以及如何教会孩子进行正念练习。我会在这个部分介绍一些简单的方法，希望对你有所帮助。

第二部分将着重探讨将正念融入家庭生活的一系列方法。此部分的第 3 章将教你关注和孩子一起沉浸于内观外照的时刻，以及如何让正念状态在此基础之上更上一层楼。这一章将为后续章节中如何与孩子谈论正念，以及如何选择正确的活动和工具奠定基础。只有符合你的家庭条件和成员共同兴趣爱好的正念练习，才是最行之有效、最相得益彰的。这就是说，你们一起听音乐、玩游戏、做美食，或者练习宗教仪式时，在不知不觉中共度了许多美好的正念时光。其实你只要下定决心，就可以带着正念去做任何事。我在这本书中收录了一百多种不同的正念练习活动、游戏和工具，其中大多数方法都来自正在使用它们的受访父母。每个家庭都有不同的风格和喜好，找到真正属于你们彼此的方法才最重要，所以欢迎你随时修改和创新本书中的任何活动和练习。因为这一切都源于保持专注与开放觉察，一旦如此，创意也会随之而来。

本书在各章节中都插入了练习活动，你可以马上开始行动。几乎每项活动，你都可以和孩子一起练习，请允许我再次真挚地邀请你，从现在就开始吧！也许你的孩子会喜欢独自练习，但如果你愿意花时间陪他一起练习，他会更乐于接受你的建议。那么怎样才能更加充分地利用这本书呢？我这儿还有一些锦囊妙计。

向孩子寻求帮助

抓住一切机会，向孩子寻求帮助。让他参与创造、挑选和落实正念练习的方法，他对正念体验会更有掌控感，也许还会提出意料之外的奇思妙想。我采访过一位母亲，她觉得她儿子吃饭时狼吞虎咽，很快就吃饱了，这对她"细嚼慢咽、享受食物"的正念饮食造成了困扰。她便向儿子征求意见，该如何才能改变家人们共进晚餐时的状态。他建议母亲在手机上下载一个冥想的应用程序，在每次用餐前设置两分钟的冥想倒计时。可见，儿子知道母亲有冥想的习惯，即使母亲从未直接教过他，他还是想到了这个主意来帮助母亲解决问题。现在，每天晚饭前，全家都会安静地坐在一起。在这两分钟里，孩子们不一定会冥想，但用餐时他们却都格外安静，用餐速度也放慢了。

阅读本书时，时刻关注自己的感受

阅读本书中的正念练习活动时，请一定要关注自己的感受。如果某项活动让你很感兴趣，或者触发了你的灵感火花，请做好标记，并为之付出练习吧。如果觉得某个活动俗气做作，哪怕只是觉得奇怪而已，那这项活动可能不适合于你和你的家人。我之所以会采访那么多父母，就是因为不同的家庭，各有各的不同，对我的家人有效的方法可能对其他家庭收效甚微，反之亦然。所以书中列举了大量可供选择的方法。在日常生活中，倘若养成了正念练习的习惯，那么帮助孩子保持专注、觉知当下、唤醒平静的新奇点子，就会在你的脑海中源源不断地迸发。

最好邀请你的伴侣一起练习

如果你的伴侣愿意一起进行正念练习，那可真是太棒了。这样的话，我希望你们可以共读此书，一起讨论如何把书中的建议付诸实践。但如果对方对此兴趣不大，那也没关系。正念就是关注当下，而且要有意识地关注，这是一切育儿方式的根基，这也就意味着阅读本书并不会让你的生活发生天翻地覆的变化。生活依然在继续，只是其中加入了体贴、觉知和善意的调味料。你的孩子也会观察到不同的人在处理问题上的差别，这也是培养孩子洞察力的好机会。

为孩子选择合适的练习工具

本书面向的读者是三至十岁儿童的父母。我会时不时地就某些活动的适宜年龄给出建议,但我还是会把决定权交回到你们手中,原因如下:其一,每个孩子的成长发育快慢不同,兴趣也大相径庭;其二,无论儿童还是成人,由于压抑焦虑或是身体疲惫,都会表现出与自己年龄不相符的幼稚行为。我和我的女儿们特别享受坐在一起画画的时光,当我们全神贯注时,笔下的画作、斑斓的色彩,甚至是因握笔姿势不同而导致线条的粗细变化,都会使我们饶有兴趣,这绝对是一次真正的正念练习。对小女孩而言,涂色游戏还算与年龄相称,但对于一位三十七岁的成年人来说,就显得过于幼稚了,但这丝毫不妨碍我与她们画了二十分钟后,感受到了无与伦比的平静与专注。

其实关键之处在于你永远无法确定,什么活动适合什么年龄段的孩子,相较于纠结年龄大小,孩子的风格和喜好更为重要。不过话虽如此,在计划活动和干预措施时,你还是需要斟酌挑选适合孩子发育阶段的活动:让五岁的孩子安坐十分钟来集中注意力进行深呼吸,根本就是天方夜谭,年幼的孩子通常会更喜欢比较具体的集体活动;与十岁的孩子一起练习倾听冥想,你就需要坐下来陪着他一起听,能倾听五到十分钟就已经很不错了。但如果想跟五岁大的孩子做冥想,你就需要每隔一两分钟定个闹钟,嘱咐他要专心听时间到的提示音,然后向你报时。如果你的孩子很快就对此感到厌倦,那说明这项活动对他而言要么难度过大,要么过于幼稚。

孩子遇到麻烦时,难免会想临时抱佛脚,再去尝试正念练习。有时的确会有用,但这样的好运气不是每次都有的。

假设孩子已经陷入恐惧、悲痛或愤怒中，此时再想让他们学习新的方法谈何容易，但让他们使用已经烂熟于心的方法却是顺理成章的。就好比，你不会让完全没有打球经验的孩子去参加锦标赛，而且还指望他能打出决胜球一样。同样，面对从未练习过正念呼吸或冥想的孩子，你总不能奢望他一边号啕大哭，还一边能气定神闲地进行正念练习吧。虽然本书中的许多练习和活动，的确可以在孩子焦虑不安时，帮助他们沉心静气，但是也有许多活动是适合他们心平气和时练习的。如果你希望孩子在焦虑、愤怒或悲伤时，依然能够觉知、专注、安住在当下，那么请你一定要在他心情愉悦、开放坦然、乐于接纳时陪他一起练习，这一点非常关键！

勇敢地迈步前行

不要指望这一切都只靠你自己。大部分将正念作为生活方式的成年人，都拥有正念团体的支持和帮助。尽管正念练习背后的逻辑很简单，但实施起来却并不容易。人类生性健忘，爱做白日梦，又经常胡思乱想，还喜欢一心多用。信息科技在千方百计吸引我们的注意力，无意义的瞻前顾后也在消耗我们的注意力，让我们无法全身心地活在当下。因此，无论是为了我们自己，还是为了我们的孩子，我们都需要向外寻求帮助。你可以给自己报名参加一项冥想活动或一个正念团体，现在针对儿童群体的瑜伽和正念课程也越来越受欢迎。我曾给我五岁和四岁的女儿都报名过一门为期六周的正念课程，老师会用音乐、舞蹈、绘本和引导冥想等帮助孩子们进行正念练习，增强他们对自己身体的感知，同时帮助他们建立起呼吸与身体的联结。

如果你发现你们一不小心故态复萌，又开始冲动鲁莽或心不在焉，千万不要就此对自己和孩子感到失望、沮丧。正念导师莎伦·萨尔茨伯格告诉我们，随时都可以重新整理，再次专注当下。当我们意识到脑海中思绪飘摇之际，便是我们回归当下、做出明智选择之时，这样的反复时刻即使每天出现百八十回也无妨。

最后一点至关重要，就是要在正念中享受当下的生活。正如美国杰出正念导师乔·卡巴金教授所说，正念本身极为严肃，但却不能过于郑重其事。不要在意自己的做法正确与否，也无须把正念当成每日的例行公事。恰恰相反，你可以独辟蹊径，将正念融入你们美好的亲子时光中。这样既可以享受育儿的乐趣，又能重建与孩子有效的沟通。因为与孩子携手学习一项重要技能，将有助于你缓解压力，增强幸福感。

Part
1

进入正念状态

第 1 章

正念对儿童成长的作用

几年前,《纽约时报》(New York Times)刊登了一篇关于加州奥克兰市部分五年级学生在学校学习正念练习的文章。这篇文章引用了一位名叫泰兰·威廉姆斯的学生所说的话,他认为正念就是"不出口伤人"。正念协会的老师和作者们都曾在不同场合分享过泰兰的这句话。这句话言简意赅,切合实际,也反映出了多数父母对孩子的期待:既期待他们能够静下心来,专注于自己正在做的事情,从而对强烈的情绪起伏保持觉知;又期待他们能够意识到这是一场情绪上的历练,并且慎重考虑好下一步该怎么做。在这个例子中,正念练习帮助泰兰学会了不去伤害他人。

本章内容将探讨何为正念,正念是如何帮助孩子做出正确选择的,以及正念为何如此行之有效。我在书中还加入了大量可尝试的训练方法,但试无妨。首先,让我们来谈谈何为正念。现在关于正念的误解颇多：在有些人眼里，它属于宗教玄学；也有人觉得它标新立异，让人看破红尘；还有人认为它就是花上几个小时打坐冥想，以此摒除杂念。虽然很多人会有这样或那样的偏见，但你无须在儿童房里悬挂水晶或者焚香（若是你需要这样的仪式感来加持，那也无妨），当然你更无须清心净念。

或许人们对正念最大的误解在于，认为它只意味着心情愉悦和情绪稳定。虽然心情愉悦放松是一种普适的正向反馈，但它与正念并不是一回事。正念的根本要义在于，有意识地接受当下发生的一切。这就是说，即便是痛苦的负面情绪，我们也要如实地接纳，任由它自然发生，而后自然消失。正念练习非常实用，可以让我们对自己和他人有清醒的认知，学会审时度势，做出最佳选择。

个人建议 找到自己的呼吸节奏

正念从根本上讲就是要清除杂念，回归当下，专注于此时此刻。开启正念最简单的方式，就是将注意力集中到自己的呼吸上。在感受呼吸的过程中，我们可以放下焦虑、恐惧、幻想或期待，哪怕只有须臾也没关系。人自然也不可能真正做到一心二用，而我们只要将自己和想法、感受拉开稍许距离，就能对当下的情形有些许清醒的认识。所以，希望你可以专注于自己的呼吸，哪怕只有一瞬间，希望你去感受气息流淌于你的鼻尖或是鼻腔，感受胸腔的一起一伏，感受腹部的一鼓一收。无须刻意，只需专注一两次呼吸，你便迈出了开启正念练习最为关键的第一步。

究竟什么是正念

那么何为正念？关于正念的定义形形色色——有精神层面的，世俗层面的，也有科学层面的。但是这些定义都有其共同的主题，那就是觉察、专注、接纳和慈悲。对孩子而言，这些词语过于抽象，但其背后的含义却浅显易懂，就是做出选择，保持专注，接受已经发生的一切，以及友善地待人待己。在生活中，大部分孩子练习这些技巧的频率远高于成人，只是他们自己没意识到。何况，我们也无须用复杂的成人思维去干涉孩子们的体验。我们只需用恰到好处的沟通，来帮助孩子理解自己的行为。这样一来，他们就会更加有意识地保持正念，并更好地表达自己的正念体会。

身兼医生、正念导师、母亲和作家的艾米·萨尔茨曼，对正念有着自己独到的见解。我受她的启发，在原有的理解上对正念的定义做了以下改动：正念就是专注当下的一切，心怀善意，保持好奇心，从而做出明智的决定。这个定义看似直白简短，其中蕴含的理念却值得我们深入探讨。

专 注

专注就是集中注意力，它是正念练习的核心。但凡专注，必定是有意识的注意。有了意识的参与，我们便能对当下有更清醒的认知。如此这般便能够给自我松绑，给内心留出空间，让我们有机会做出理智的选择。这个想法看似简单，但实施起来却并不容易，因为生活中的我们做事经常会漫不经心。比如，我丈夫最近上班老是忘带钱包；我这周去了三次超市，但每次都忘记买女儿要吃的葡萄干。你的孩子是不是也经常忘记带作业或者把牙套弄丢？他上次因为一时冲动，没控制住自己的情绪而出口伤人是什么时候？

几周前，我和女儿们一起做早饭。我的大女儿正站在炉灶前的凳子上学着煎煎饼。这时，她妹妹手里拿着一把亮闪闪的塑料梳来厨房瞎转悠。大女儿见状，立刻从凳子上跳下来，追着妹妹喊道那是她的梳子，然后一把夺回梳子，又立马转身回到炉灶边，继续煎煎饼。她太着急了，想也没想，就直接把梳子往旁边一扔，结果梳子正好掉在了火焰上。她刚开始煎煎饼时非常专心，因为学习煎饼对她来说是一项崭新的挑战，这项挑战很容易让她保持专注。但是闲逛的妹妹和亮闪闪的梳子，还是如此轻易地就分散了她的注意力。从那一刻起，她便开始留意身边的一切，不再关注煎饼了，就连她的心爱之物掉进了煎饼锅下的火里都没注意到。当时，幸好我注意到了这一切，立马关火，趁梳子还没被烧化赶紧从火里取了出来，这才万幸没有酿成大祸。那一刻，我女儿的注意力就跟我们大多数人一样，不管眼前的事情有多重要，还是很容易受到外界干扰。干扰源也许只是一把亮闪闪的梳子，或者只是一闪而过的记忆碎片，反正就是不能再全神贯注于当下的事情。

如果我们花时间专注于当下，就一定会少犯错、少丢东西、少忘事，也会避免不少误会，少一些冒失和武断，更不会因为一点鸡毛蒜皮的小事就大动干戈。此外，我们还会更理性地看待他人、认识自己，更准确地评估现实状况，从而做出更慎重的决策，让我们在面对新挑战时，能有更巧妙的回应。正念还有助于提高我们的自控力，但这一切的前提是，我们能够把注意力集中于当下。

很多孩子会对专注力这个词有抵触心理，这大概是与家长和老师们都在不停地要求孩子专注有关。而实际上，大人们自己还不懂何为专注，但孩子们却都了然于心。他们会用心观察在花间起舞的蝴蝶；会注意到远在几里外的推土机和挖掘机；会留意到是哪位同学最终入选球队；会感觉到哪些朋友才是交心的朋友；会捕捉到父母脸上一闪而过的怒色，即便父母自己都没觉察到；会感受到自己的担忧和疼痛。孩子们知道如何专注，但他们和我们一样，又经常忘记专注，特别是在他们三心二意、不知所措、疑惑不解、饥饿难耐、疲惫不堪或惶惶不安时，这也是我们要教会孩子专注，尤其是他们何时该专注的原因，也正是全书正念练习的核心部分。

个人建议 找到自己的呼吸节奏

不止一位家长和我提到过，他们会带着自己的孩子进行正念行走，不为别的，只为了感知路边的环境。这与步行去学校或者图书馆不同。在正念行走的过程中，目的地在何处无关紧要，重要的是感知，哪怕二十分钟只走了半个街区也很棒。练习专注的方法有很多，其中正念行走尤其适合，因为活动身体有利于我们集中注意力，同时又可以远离电子产品，远离纷纷扰扰的生活、没完没了的玩具之争、无休无止的家务。年龄稍大一点的孩子一般喜欢安静地行走，他们会在正念行走中加入倾听冥想或观察冥想（详见第6章）。年龄较小的孩子可能需要一点框架指导，你可以为他们制订计划，让他们在正念行走时发现三件趣事，并在行走结束之后互相分享。

专注于当下

　　无数个夜晚，每当我和女儿互道晚安时，她总会有重要的事要讲给我听。这些事情于浩渺宇宙而言不值一提，但对此时此刻的她而言，却意义非凡。假如我不让她说出来，她就无法安然入睡。有时候是因为我白天对她生气，令她心生伤感，或是担心第二天会完不成学校的作业，又或是回忆起半年前的一件小事。总之，这些事情都不会是她对当下的觉察，她的小脑袋才不会停下来关注当下的事情呢。

　　其实也不只是我的小宝贝，我和我所认识的其他人也是如此。如果你问他们在想什么，得到的答案会是对未来的担忧，对过去的悔恨，对某件已成定局的事无法释怀。这些无谓的想法并不代表我们不正常，而恰恰表明我们都是正常的人类。

我们执着于过去和将来，却唯独不能专注于当下，个中原因多种多样。远古时代，某个原始人时刻记得自己有位葬身虎口的乔伊表哥，因此他会制订躲避老虎的计划作为他活下去的关键。记住危险，是为了让自己不再陷入危险之中，而穴居人和不外出打猎的妇女，对于这种潜在威胁和应对措施一无所知，所以这些人的寿命也不会太长。这也适用于现代社会的各种场景：小孩子第一次花生过敏的记忆，会让父母提前计划在他下次参加生日聚会时，额外准备一个不含花生的纸杯蛋糕；小孩子对自己第一次摸炉子被烫的记忆，会让他远离炉子，因为害怕再次被烫伤。虽然这些计划和记忆有保护作用，但问题在于大脑并不知道该何时停止这种功能，于是我们只能耗费大量的心理空间来分析过去、预测未来，可结果往往都是徒劳。我们既改变不了过去，也控制不了未来，每一次的意识游离都代表着我们又错过了一次当下。我们会回应脑袋里一闪而过的想法，但对眼前实实在在发生的事情却置之不理。这就是问题的症结所在。

接下来，我要给大家描述一个我们家的典型场景。昨天，我的两个女儿因为一顶芭比娃娃的皇冠引发了一场恶战。这场战斗，由起先的鬼哭狼嚎、怒不可遏，急速升级到最后的大打出手。我先把她俩分开，以免她们伤到对方。然后拿给她们各自最爱的毛绒玩具，让她们舒服地依偎在一起——用这种肢体暗示帮她们冷静下来。我们静静地待了一两分钟，等她们都冷静下来后，就开始向我诉说事情的原委。

"她偷拿了我的皇冠！她老是拿我东西！昨天晚上还拿

了我的朵拉娃娃！"

"那不是她的！那明明是我的！我的芭比娃娃要戴着这个闪闪的皇冠去参加舞会！"

我一边听着，一边看向客厅地毯上那一堆芭比娃娃饰品，两顶皇冠赫然入目。一样的闪闪发光，一样的粉红淡雅。

我的小宝贝们全然忘了另一顶皇冠的存在，反而因为联想到了自己以前遇到的不公平的待遇，又都觉得自己的游戏才最重要，再加上她们的任性，以至于一叶障目，不见"皇冠"。

这种场景在我家已司空见惯，相信很多家庭也都这样。每当孩子觉得自己受到了不公平的待遇时，另一顶闪闪发光的芭比娃娃皇冠就恰好"隐身"了。其实巧妙应对这种情况的最佳方法，就是尽我们所能，放下过去，放眼未来，专注当下。

个人建议 停下来，放松自己，回归当下

这种方法简便快捷，也很有趣，可以帮我们化解危机，借助调整呼吸，回归当下。每当发现自己或孩子的情绪逐渐失控，开始胡思乱想或者感情用事时，请记得停下来，放松，做深呼吸：停下来，放下你正在做的一切，然后有意识地深呼吸。我身边的朋友都知道，我甚至会让自己四仰八叉地躺在地上——无论我们当时有多暴躁，这一举动都会打破僵局，惹得孩子们哄堂大笑。

正念：心怀善意，保持好奇心

正念含义的第三部分内容，是指对我们遇到的一切都心怀善意，保持好奇心。

举个例子。前几天，我和女儿们出去买东西，遇到了一个脸上长了块很大的黑色胎记的小男孩。我立刻心生怜悯，心想："他可真可怜，这辈子大概会过得很艰难吧。祈祷其他孩子别对他太刻薄。我上中学时曾因满脸长痘，经常被同学嘲笑。"这时，我发现我女儿们都在盯着他看，怕小男孩尴尬，我赶紧转移她俩的注意力。过了一会儿，大女儿拽了拽我的衣袖，说："妈妈，我很喜欢那个男生，他看起来很特别。他脸上长的什么呀？看起来真可爱。"

女儿的话让我停住了脚步，我幡然醒悟。我一直担心女儿们会盯着他、评判他，甚至是说出刻薄无礼的话。盯着别人总归不礼貌，我也一直教育孩子不要盯着别人看。在这个例子中，不管怎么说，我女儿的行为确实是出于好奇，但她的话却丝毫没有伤害他人的意思。而且，她们也的确很友好，只是对自己不了解的东西抱有好奇心，想多了解一些罢了。正念人士把这称为"初心"——不做判断，不带偏见，不对事物预设立场，自己勇敢地去探索新的可能。我却走向了初心的对立面，我预设了那个小男孩会因为他的胎记而度过一段坎坷的人生。我们从未与他交谈，但我敢说，我女儿开放的思想比我的担心和假设更友善、更有趣、更能鼓舞人心。

事实上，很多时候，面对某件事情，我们会评判它是好是坏，还是介于二者之间："还行吧""够可以了""有点烦人""真没意思",诸如此类。表面看来,这似乎无可厚非,甚至有时候还会有所裨益。比如,我们断定孩子所在的场合存在安全隐患,就会立马离开。然而,通常我们对当下做出判断时,马上会在自我感受和客观现实之间掺杂个人的想法、恐惧、担忧和比较等情绪,这就无异于把自己封闭起来,同自己的真实体验隔绝开来,同时也在向自己和他人传达着"事事皆坏事"的信号。

我朋友有一个上四年级的儿子,他非常聪明,多才多艺。但是,前几天他却说自己的数学一塌糊涂。姑且不管数学这门科目是不是他的强项,他每次对自己和别人说他不擅长数学时,无疑是在跟自己强化这种观念,这必定会影响他数学成绩的提升。但如果他放下这种想法,不去在意自己的擅长与不擅长,而只是单纯怀着好奇钻研自己面对的数学题,又会是怎样的情形呢?不论他以后是否会在大学主修数学,现在他在数学课上的体验和自我感觉都会更加清晰明了,他自然也会乐在其中。

善念或是充满善意的好奇心是正念的核心,因为我们经常用特别消极或评判的方式询问一些事。而这就是问"你这人怎么回事?"和问"出什么事了?""我如何才能更好地了解此事?""需要帮助吗?"之间的区别。如果我们已经被烦躁、愤怒或沮丧的情绪所笼罩,无论我们投入多少关注和热情都无济于事。从根本上讲,正念就是善意的关注,对生活中的任何情形几乎都能报以友好和新奇。所以无论发生什么,我们都可以迎接、领受和试着多一些理解。唯此,我们才能认清形势，看清自我，顺势而为，做出更明智的选择。

个人建议　让孩子把自己当作科学家

科学家研究的唯一目的，就是清晰准确地解释事物发展的过程或现象，而不在于强行推断出某种结论。鼓励孩子用科学家的方法处理自己的困扰，有助于增强他们的好奇心。我家最近在和另一个家庭共度假期，他家六岁的小男孩因为刚入住的房间墙壁会吱吱作响而难以入睡。这孩子平日里就是个小科学迷，我就建议他学做一名科学家，每晚数数自己能听到多少次吱吱声。数响声的好奇转移了对他失眠的焦虑，他因而放松下来，很快就进入了梦乡。以后当你或你的孩子看见、听见、闻到让你们厌烦的东西时，不妨试试化烦躁为好奇。你们很快会发现，好奇可以将愤怒等负面情绪轻松击退。长此以往，负面情绪会逃跑得越来越快，你们也会越来越擅长于舒缓这种情绪。

孩子如何明智选择"下一步"

正念的终极理想——每一位阅读本书的父母都心向往之——就是教会孩子如何对自己的行为做出慎重而明智的选择，而不是当我们每次在晚餐端上豌豆时，他们都要用一声惨叫来表达抗拒（像暴躁的塔斯马尼亚小恶魔[1]一样抓狂）。众所周知，要让孩子做出理智的选择本就极具挑战，尤其是当他们筋疲力尽、焦躁不安时，更是难上加难。幸运的是，孩子们有我们帮助他们来做好自己的选择，但这种帮助绝不是仅仅通过恐吓战术，或是纯粹依靠意志力，虽然这两种策略短期看来也许会有效，但长远看来必定会适得其反。

我们的孩子遇到的困难往往是因为事情的发展没有如他们所愿，比如心爱的玩具被抢走；家里突然多出个弟弟或妹妹；想打游戏，却必须要先完成作业或是家务；爸爸妈妈准备离婚……这样的事情数不胜数。人类面对不如意时的第一反应就是抗争，他们会从同伴手中抢回玩具；要求父母把小宝宝送回医院；写作业拖拖拉拉；对父母发脾气。这些下意识的反应都会导致更严重的问题——如孩子被罚闭门思过，跟兄弟姐妹激烈争吵，父母也会火冒三丈，家庭关系因而更加紧张，导致孩子出现睡眠问题，以及学习成绩下滑等等——这些问题仅依靠孩子自己的力量是无法解决的。但是，孩子们依然会有如此的反应，这是因为释放负面情绪是人类的天性。

如果我们可以帮助孩子们在生活中运用正念，怀着友善和好奇心专注于当下，周而复始，他们便可以慢慢地学会接

---

1 指袋獾，一种主要分布于澳大利亚东南塔斯马尼亚岛的肉食性有袋动物。它们经常在半夜为了保护食物发出令人毛骨悚然的咆哮，栖息于灌丛、草原、疏林和多石的半荒漠地区等地带。绝大多数的袋獾只选择吃它们最喜欢的食物，如小型哺乳动物和蛇类。——编者注

受生活中的不如意。其实，接受现实远比对抗现实要轻松得多，也会省去不少麻烦。需要明确的是，我所说的接受，并不是指被动无力的接受，而是在接纳当下的基础上，清空心中的否定、排斥、逃避以及偏执等负面情感。这时，我们才会有更强大的精神和情感力量投身到下一步的行动中。我们要走出过往，安于当下，因为当下才是我们唯一能够真正有所改变的切入点。

大家都经历过"作业大战"吧，这很有代表性。很多孩子都不愿意写家庭作业。他们白天在学校坐了一整天，不管上的课自己是否感兴趣，都得打起十二分的精神认真听讲。晚上回到家，却还要把白天的功课再来一遍。有的孩子放学到家，已经又累又饿；有的孩子觉得作业枯燥无味；有的孩子一想到作业又多又难就头大；也有的孩子面对作业时，根本毫无头绪，无从下手。家长们在经历了一天的工作或带娃后，本就疲惫不堪，再操心孩子的学习，就难免会在与孩子的作业拉锯战中感到力不从心。家长们一边准备晚饭，一边管教其他孩子，还要监督着他专心背单词，不免感叹分身乏术。接下来的这一幕，相信大家都很熟悉了：家长喋喋不休，孩子磨磨蹭蹭，后来唠叨升级为歇斯底里地斥责，甚至是威胁。而孩子呢，要么暴躁失控，要么难过崩溃，作业大战顿时硝烟弥漫、狼烟四起。那大战之后呢？孩子的作业依旧没能完成，家里也笼罩着紧张沮丧的阴云，于是家庭作业成了众矢之的，明天无疑仍是鸡飞狗跳的一天。

假如家长和孩子在作业大溃败中都拿起了正念这一秘密

法宝，那么情形一定会大不相同。你让孩子做作业，他也许会乖乖坐在桌旁，有时还未必会顺从。不管怎样，此时你肯定会注意到孩子对背单词并不感兴趣。当你意识到自己又要开始碎碎念时，请你及时停下来做个深呼吸。冷静观察后，你意识到自己其实并不了解孩子在想什么，只是觉得他不想做作业罢了。这时你选择可以和他再大战一场（大概还是你惯用的唠叨或者威胁战术），但你也可以选择接受现实。一旦在你接受这个事实后，就会想询问孩子不想做作业的原因："我看到你不太想背单词，怎么了？""怎样能帮你尽快完成？"通过问这些问题，引导孩子对自己当前正在做的事情抱有好奇，而不是事情都还没做，就已经开始先犯愁、抱怨。

　　你会得到一堆五花八门的回答，比如：孩子今天在学校过得不开心，感觉累了饿了，或是作业不会做，再或者就是单纯不喜欢背单词这种作业。询问孩子的过程，其实是在帮助他明白此时此刻他到底要做什么。有了答案之后，你们可以一起决定接下来该怎么做。也许是先吃点零食，或者今晚先不背单词，也许可以换种方式写作业，或者需要一点辅导。这个问题的突破点在于，你不仅没有失去理智，也没有气急败坏，而且还为他建立了正念的反应模式，让他看到你是真心希望能帮助他解决这个问题的。关注当下，接受现实，并对此产生好奇，这才是诀窍。这种心态为你们创造出了足够的空间，对接下来的行动做出不同于以往的明智之举。（需要注意的是，逻辑沟通对年纪稍大的孩子会有效果，但对幼儿却不大管用。此时，你要尽量保持冷静，尽力弄清他的需求。

这不是件容易的事,你未必能每次都做好。不过没关系,坚持住,只要反复练习,你和孩子就都会从中受益。)

在家庭作业这个例子中,我们注意到,其实是从你(家长)开始进入正念起一切才发生了转变,这一点非常关键,我会在下一章进一步探讨:除非我们自己进行正念练习,至少要和孩子一起进行正念练习,否则我们帮不了他们。设想一下,你一边从烤箱里端出晚餐,一边打着工作电话,还一边大声提醒孩子练习深呼吸,如此情形,效果怎么会好?你还是在排斥和抗拒现实,而非接纳,即使你用了正念相关的词语,实际情况还是偏离了正念本意。

个人建议　"停止行动"练习法

有时,我们一味墨守成规就很难回归当下,也寸步难行。当我感到失落迷茫时,最喜欢的练习就是"停止行动"练习法——停止,呼吸,觉察,继续。回顾它发挥作用的过程:首先停止手头的一切,再做几次深呼吸,花一些时间去留心萦绕在你内心和身边所发生的事情,继而在平静中继续专注当下。给孩子介绍这种方法之前,你不妨先试试,验证一下它的效果。感觉效果还不错,你就可以在家里给孩子挂一些彩色的"停止"标志牌。

正念的益处

至此，你对正念的核心意义应该已经有了清晰的认知——正念就是专注当下、心怀善意、保持好奇心，从而做出明智的决定——并深刻认识到了它为何如此有效。真正理解正念的最好方式，就是正念练习，然后关注你和孩子在面对挑战时的想法、感受和反应。你现在已经明白，正念并不是迅速奏效的灵丹妙药；它不会用积分奖励孩子，也不会用买新玩具来引诱孩子好好表现，更不会用威胁让孩子屈服。这是从播种到发芽、到成长的长期过程，并会一路为孩子保驾护航。正念练习的作用，你不久就能体会到。我采访过的父母都认为，与孩子一起坚持正念练习会给孩子带来一系列益处。

比如：

·对自己身体、思想和情绪的感知力不断提高，会用越来越丰富的词语谈论他们的体验、思考和感受。

·提高适应能力，包括自我安慰能力，遇事不惊、沉着冷静的能力，以及情绪调节能力。

·感知和理解他人情绪的能力不断加强，共情能力也在不断提升。

·专注力和注意力水平得到提升。

·睡眠质量得到改善。

·对自身更加认同，更加有自信。

·焦虑和抑郁情绪日益减少。

·也更擅长和别人相处（从而提升人际沟通和交往能力）。

总而言之，正念练习让父母觉得自己与孩子的联系更紧密了，孩子也更平静、更快乐了，因为他们学会了"停顿感"，做深呼吸，以及关注真正的内在需求。

个人建议　种一片正念花园

与孩子一起种一片花园，哪怕只是简单种植一株花。用播下种子、静待花开来比喻正念，这真是一个美妙的比喻。正念花园是感知当下的有效方式，不要期待它会立竿见影——尽管有时确实如此——而是相信，随着时间的推移，我们分享的想法一定会生根发芽。花点时间陪孩子种花是将许多正念理念言传身教的一剂良方。

·**善念**。这是正念练习的主旨，也是照顾其他生物（包括花草）的内在要义。

·**保持好奇心**。诸如植物需要什么，它们能否成活，以及如何让植物得到最好的照料等问题，都有助于强化孩子的好奇心，而好奇心对正念至关重要。

·**懂得世间万物的变化无常**。观察植物的生命周期，有助于孩子强化这一认知。世间的一切都在变化，没有什么是永恒的，这本就是生活现实。我们要记住，一切不如意终会过去，这是我们应对困境、调节情绪的灵丹妙药，它能让我们静下心来，去欣赏尘世间的美好。

种一片正念花园，可以让我们的生活节奏慢下来，调动起多重感官——我们会用肌肤感受土壤，用眼睛观察植物生长，用鼻子轻嗅花香，用嘴巴品尝自己种植的蔬菜。生活在高速运转的社会中，照料植物成了我们放慢生活节奏的妙方。生活中的纷繁芜杂不仅占据了我们的家，更是让我们的大脑超负荷运行，而在户外慢度光阴，可以让我们从中得到解脱。

不只是我采访的父母看到孩子受益于正念，数百项研究调查也证实了正念练习对不同儿童群体的影响，包括从学龄前儿童到青少年。例如，研究人员发现，接受基本正念练习（包括正念呼吸、基本冥想或瑜伽）教育的儿童，在这些方面有了显著的进步：

- 自控力
- 解决问题的能力
- 思维认知能力
- 专注力
- 尊重他人
- 自尊
- 睡眠

最后，学习正念练习的儿童也表明，他们抑郁和焦虑的症状减轻了，也不再经常思虑过度了。

你可能想知道，如此简单的正念，是如何带给孩子这么多好处的呢？学会用善意、好奇的方式来集中注意力，真的能带来如此巨大的改变吗？是的，它真的可以。接下来，我们就来讲讲它是如何做到的。

正念练习的步骤

我们可以采取很多方法了解正念练习的作用及其背后的原因，而且这些方法大多都与我们遇事时，是先定后谋还是迷失其中有关，而这两种做法天差地别。以下几个方法，可以帮助我们更好地理解这一点。

一次只专注于一件事

正念练习要求我们将注意力集中于当下，并在觉察到我们思绪飘摇时，能重新回到当下。这与现代社会所推崇的多任务处理能力背道而驰，而且我们的孩子似乎很容易就养成了一心多用的习惯，尤其是在使用电子产品这方面，有些孩子会偷偷摸摸地玩手机。对另一些孩子而言，电子产品则时时刻刻都在分散他们的注意力，不管是看电视、吃零食，还是喋喋不休地讲游乐场最近发生的戏剧性事件。电子产品充斥着他们的生活，这意味着他们并没有全心全意地关注当下。不管是否刻意，多数孩子对一心多用可谓是无师自通。因为注意力分散，会让手头的事情变得没那么枯燥乏味，而且注意力分散是人的天性之一。但事实上，人类大脑却并不善于在不同任务间来回切换。正如神经科学家所发现的那样，我们无法同时处理多项任务。相反，不同刺激的迅速切换——从屏幕切换到书籍，再切换到食物——也意味着这几件事情，我们都未能给予其充分的关注。结果是我们哪件事都没做好，还更容易出岔子，压力也随之而来，这都要归因于各种任务一直在大脑中来回切换，而我们却从未真正专注于其中任何一项。正念练习中的专注力训练，恰恰是克服这种症状的良方，对于缓解长时间多任务并行处理而累积的压力有神奇的效果。

不要被思想控制

当孩子们练习觉察自己的想法时，允许它自然存在和消失，这样做有助于真正回归当下。孩子们能够知道这些并不是他们的所思所想，他们可以跳出思想的控制，进行自我选择。无论我们在做什么，大脑都会不断地进行思考。我们永远无法停止思考，正念练习也并非只涉及到大脑停止思考这一个方面。问题也不在于思考本身，而在于很多人会对脑海中出现的每一个想法都反复琢磨，而对其逻辑性、准确性、相关性或实用性却置之不顾。人类很容易陷入想象，也确实对这些想象投入了大量时间和精力，来探索、理解、解构、驯服和突破。但这一过程能带给我们的信息少之又少，反而把我们卷入不切实际的无底深渊之中。但现实中，唯有实际经验，才能真正改变生活。想法只是想法——它们终究不是现实，只有经过我们的选择，它们才得以改变现实。

一些佛教传统将我们分散、困惑、矛盾和不安的念头称为"猴子心"[1]。正念练习可以帮助孩子远离"猴子心"（这是

---

[1] 指无法操控的内心，用来比喻脑中冒出的各种念头和想法。这些念头和想法如同硕果累累的森林，我们就像穿梭在森林中，不断追寻果实的猴子。即：当一个念头出现时，我们并非去了解这个念头，而是去追随这个念头，但这个念头会制造出更多的念头，然后会引出期待和恐惧。——编者注

他们大脑中反应迟钝、无法预测、一无是处的部分），从而更好地专注当下，并决定下一步的行动。

> **个人建议　不要让混乱控制大脑**
>
> 这一点是我在莫·威廉斯的儿童畅销书《别让鸽子开巴士》(Don't Let the Pigeon Drive the Bus) 中获得的灵感。有时，我们的大脑会陷入一片混乱，充斥着各种乱糟糟的想法，仿佛有只猴子在里面上蹿下跳，操控着我们的大脑。其实，我们不该"让鸽子开巴士"，同样也不该让"猴子心"来决定我们该怎样关注想法、该关注什么想法。你可以一边陪孩子看绘本，一边介绍这个想法。每当注意到孩子心猿意马时，你可以问一问他，是不是小猴子在（他的小脑袋里）开巴士了。如果是，我们应该让小猴子到后座上休息一下。这种方式既有趣，又可以提醒孩子平静下来，记住一定不要羞辱或者无视孩子的这种内心体验。

如何关注自己身体的感觉

虽然思想存在于大脑，但感觉却扎根于身体。与大多数成年人一样，孩子们也爱沉浸在自己的思维世界里，甚至连自己肩膀僵硬或者恶心反胃都意识不到，而且就算他们注意到了，也不确定那到底是怎么一回事，也不确定这对他们有何影响。本书中的许多练习，都是为了教会孩子如何关注自己身体的感觉，并将这些感觉与他们的情绪和想法产生联结。一旦了解了自己的身体语言，孩子就可以更好地理解自己的感受和需要，做到未雨绸缪。

帮助孩子学会分辨情绪的方法多种多样，后面的章节我将会详细介绍。不过，你可以先试着用文字来描述一下印象中你的孩子的情绪变化，或者阅读并讨论几本与情绪相关的书，再或者试试让孩子画出他的感受。你还可以直接让孩子说说自己的感受，或者让他采访自己最喜欢的毛绒玩具或机器人，问问它们的身体感觉，以此来提高孩子的身体觉知能力。

个人建议　身体扫描练习——CALM 平静提醒

身体扫描是一种传统的正念冥想练习，是指用注意力扫描整个身体，逐个部位去觉知身体的感受。这样做，可以放松身体的紧张部位，但实际上，这个练习旨在引导你的专注力。让意识贯穿整个身体，对孩子来说难度相对较大，你可以只帮助他们放松身体的 CALM 四大区域，即胸部（Chest）、手臂（Arms）、腿部（Legs）和心灵（Mind）。

首先，让孩子找到舒服的姿势站立、坐下或躺下。其次引导他把注意力集中于自己胸部的感觉。他可以把这种感觉告诉你，也可以将其停留在自己的脑海里。如果他无法用语言描述这种感觉，没关系，那就只专注于感受，然后让他把注意力集中于自己的胳膊和腿。最后，看他能否专注于自己的所思所想，不论他在想什么，抑或是脑海中浮现了哪些想法或疑问，你都无须给予任何反馈或建议。无关其他,岁月静好。整个过程中,你只需要做一个引导者、倾听者和陪伴者。

用正念练习解决棘手问题

不管我们经历过什么,也不管它现在是否仍存在于我们的身体或思想里,反正它不会永远存在。但人类却不这么认为,尤其是孩子,遇到棘手的问题,比如一次重感冒、一次尴尬的社交,或是一堂枯燥的数学课,他们更会将其放在心上,任由各种想法在脑海中肆意翻滚,或在内心世界中不停地重温与现实毫不相干的种种戏码。当我们帮助孩子用正念练习解决这个问题时,他们会更清楚地意识到念头、感受和情绪的出现,而后随之消失,这样更利于他们摆脱困境,他们也会学着珍惜和品味生活中的美好,不会因计较生活中的细枝末节而心生焦虑烦躁,因为这样会错过那些珍贵的美好时刻。最后,孩子会慢慢理解没有什么是永恒不变的,最后行事也就会越来越处变不惊、游刃有余。

用正念训练脑部

正念对孩子最重要的作用在于,它有助于训练大脑在应对压力时的反应能力,这一点对儿童思维发展尤为重要。众所周知,我们的大脑在人的一生中是不断变化和发展的,这种变化很大程度上取决于我们后天的行为刺激。人类大脑由数十亿个神经元细胞组成,这些神经元通过细胞间的数万亿个连接相互发送脑电波。我喜欢把神经元细胞想象成一段段的火车轨道，而脑电波则是轨道上的火车。神经科学家常说"建立连接，共同放电"，意思是神经元之间互相放电，才会使彼此建立联系，也就是说，我们利用大脑的不同区域越频繁，它们之间突触的连接就会越强烈。例如，当孩子学习一项运动时，我们就可以看到它发挥作用的全过程：起初，孩子对足球完全不熟悉，也不懂该如何踢。接着，通过练习，他们的思维和身体会越来越协调。到最后，他们不再畏手畏脚，而是放心大胆地踢。这时，他们才真正学会踢球。

学习正念也是如此。

孩子每次做正念练习时，也许只会专注倾听几分钟，又或者只是冲动行事时能停下来做一次深呼吸，而这些小举动其实正在改变他们的大脑。侯泽等人最近研究发现，正念练习会缩小大脑边缘系统（大脑中负责观察环境、捕捉危险信号和做出防御性反应的区域），增强前额叶皮层（大脑中负责理性分析、规划决策的区域）。大脑的这一变化对儿童至关重要，因为儿童的前额叶皮质要到二十多岁才能发育完全，而且这一部分大脑在幼儿期几乎没有发育迹象，这也就解释了你为什么无法在逻辑层面跟幼儿讲道理——因为他们还不太理解逻辑——以及为什么小孩子在小事上没有丝毫逻辑性可言。其实，现在大多数孩子不可能每天冥想半小时，但我们一定要明白：他们越是练习觉知、关注、慈悲和接纳这些技能，越能得心应手地帮助自己解决困难。这要归功于他们的大脑在练习中所发生的变化。

> **个人建议** 分析大脑的工作原理

如果孩子一开始就知道我们之所以给他们提出这样或那样建议的原因，他们往往会做出更积极地回应。教给孩子大脑的运作变化规律，就是一个很好的开始。我喜欢《小花儿童瑜伽》(Little Flower Yoga for Kids)一书中的描述，其作者詹妮弗·科恩·哈珀在书中谈及"保护性大脑"（边缘系统）和"理智性大脑"（前额叶皮层）的区别。保护性大脑会竭力守护我们的平安快乐，但它遇事偶尔会思虑不周。这就是为什么我们需要理智性大脑来帮助我们慢下来，从而做出最明智的决策。正念练习可以让保护性大脑冷静下来，而让理智性大脑来权衡思量。

希望你读到这里时，可以理解正念是如何帮助泰兰做出"不出口伤人"的决定的。虽然他没有详细阐述这句话的意思，但我猜测，他的意思就是要我们专注当下，不任由沮丧或愤怒的情绪裹挟自己，在冲动之前察觉到自己的不理智。对于这种觉知，我们不能置之不理，更不能任凭一腔怒火就横冲直撞，而是要以不同程度的兴趣和好奇来回应它，让自己的大脑有足够的空间来做出另一种选择，做出更明智的决定。事情既已发生，过去已然成为过去，我们应好好专注于此时此刻，因为唯有当下是可以改变的。向孩子教授正念，就是要帮助他们学会多践行内观外照[1]，专注于正在发生的事

---

[1] 即"内观自心，外照诸项"，其中内观是指如实地观察，了解事物的本质。外照是指留心观察身边周遭的事物。——编著注

情，最终做出更理智的选择。教孩子如何内观外照的第一步，也是最为关键的一步，就在于让孩子学会独立练习，这正是下一章的主题。

READY, SET, BREATHE

◇

愿你快乐

愿你健康

愿你平安

愿你感受被爱

愿你活得轻松自在

第 2 章

从父母开始的正念练习

若想更好地帮助孩子,父母需要先自行进行正念练习。至于原因,本章将会给你解答。若你从未做过有意识的深呼吸或冥想,也无须紧张,我将带你了解正念练习开始前的各项步骤。不过在开始前,我想告诉你我是如何进行正念的,又从中学到了什么。

当人们得知我从事与正念相关的工作时,难免会问:"应该怎样开始冥想呢?"或是"要怎样进行正念练习呢?"也许是他们期望我能在精神层面分享一些对于人生深层意义的感悟,所以在听到"我只是想办法让自己对孩子们更温柔些"这样的答案时,他们不免大吃一惊。我小女儿两岁之前,她总是惹我生气。为了克制自己的脾气,我查阅了许多资料,无一例外都提到了冥想训练,不过那时我对冥想还不感兴趣。在我看来,只有那些在现实生活中找不到存在感的怪人才需要冥想。可问题是，用其他方式又毫无起色，所以我最终还是说服自己，报名参加了正念减压课程，因此了解到正念、冥想和瑜伽的基础知识。让我惊喜的是，自己的脾气真的在慢慢变好。我很快意识到，正念训练带给我的进步同样也改变了我的孩子们——我越沉着冷静，她们也越沉着冷静。

正如上文中提到的那样，教育孩子最好的方法之一就是先亲身示范。或许你早将正念训练融入其中，无论是日常冥想、做瑜伽，还有意识的复盘，这些都属于正念的范围，也正是本书想要和你讨论的地方。若这样说，可能你就会明白：正念不仅仅是一套工具或者技巧，而是一种以包容和友好的方式来和世界主动沟通的方式。即便周围的世界趋近疯狂，正念仍能帮你保持情绪稳定、注意力集中。也许你也注意到了正念练习所带来的好处：即使孩子触碰到了你的雷区，你仍能保持冷静、心平气和；你不再执着于孩子的喜怒无常，反而越来越适应为人父母的角色。如果你最近才开始进行正念练习，即便没能直接教给孩子正念的技巧，想必也能发现孩子从你的这些变化中有所受益：也许是发脾气的频率减少了，也许是发脾气的程度变轻了，也许是发脾气后恢复平静所用的时间缩短了。

当然了，未必这么快就会有效果。也许在你拿起这本书之前，你对正念知之甚少，或许你对正念已经有了先入为主的认知。当然，准不准确另当别论。也许你认为正念能够帮助自己，但又不知道该如何迈出第一步；又或者你觉得正念会帮助到孩子，但未必能帮助到自己；也许此前你已经尝试过冥想，但觉得毫无起色；又或许你觉得这些训练看起来都太矫揉造作，或者难度太大……这些想法和感觉我都能理解，因为我也曾经历过这个阶段。但不管怎么说，既然你正阅读着这本书，就证明正念这件事已经勾起了你的兴趣。我鼓励你敞开心扉，客观地去看待正念在你生活中所扮演的角色。毕竟，若不躬行实践，甚至未欣然采纳，那又如何将正念教给我们的孩子呢？

从现在起，至发火之前，你先深呼吸一至两次（就是这样，做几次深呼吸。这是基本的正念练习，也是读完本章你就需要着手做的事情）。你不必去山顶上的禅寺静修十天，也不必每天盘腿坐在地上诵经，若你真想教给孩子正念，请一定要提前试一试。我会在下文中详细探讨这方面的内容。不过在开始前，让我们先讨论一下：为什么在教导孩子正念之前，父母需要先自行做正念练习。

个人建议　三步呼吸法，进入正念状态

由于呼吸是进入正念状态的第一步，所以本书提供了几种不同的基本呼吸训练方法，以下将介绍其中一种。

无论何时，只要你或孩子感到疲惫、沮丧或不堪重负，都可以一同做三步呼吸法。其方法是停下手头正在做的事，做三次有意识的深呼吸。我的建议是用鼻子呼吸，不过你也可以用任何你觉得更舒服的方式来呼吸。注意深呼吸过后的感觉——希望此刻的你心如止水，同时也拥有了足够的力量继续前行。

孩子生气时，不能只教他们放松

每当女儿们感到紧张、悲伤或者害怕时，我想告诉她们冷静、冷静，再冷静，或者递给她们一个雪花玻璃球，让她们盯着看一会儿。但很多时候，我已经自顾不暇，更别说还能有精力顾得上去处理她们的问题。有时，我实在疲惫不堪，真想她们能离我远点儿，能自己振作起来，直至满血复活，再回来找我。遗憾的是，不光我自己，我身边的其他父母都极少这样做。我们不能每次在孩子伤心、沮丧或生气的时候，只是告诉她们要放轻松。如果我们真想教育孩子，就需要自己先进行正念练习。原因如下。

孩子会感受到父母的不真诚

第一个原因相当简单明了：孩子们在几英里开外就能识别骗子，更不用说这"骗子"恰好是自己的父母。他们对每个矛盾之处的伪装都极其警觉，还会用各种方式刨根问底，好让我们现出原形。这实在令人头大。但在某些情况下，这也给我们敲响了警钟：如果我们要求孩子们去做一些连我们自己都不会做的事情（比如正念呼吸、引导冥想等），他们很可能会拒绝，即使做了，也是应付了事，因为他们别无选择——显然，这与我们的期望背道而驰。反过来想，如果我们对孩子抱以真诚的态度,毫无疑问,他们也能感受到。当我们带着真诚和同理心与孩子沟通时,他们将更加尊重我们,也给予我们更多的回应。除此之外,孩子们对大人们的日常生活十分好奇,他们若是知道正念是我们生活中很重要的一部分,那自然会想多了解一些。如果你想在此时对他们进行正确的引导,就应找到一种让他们感到受尊重的方式与之分享。

接纳新事物:"吃蔬菜"法则

这让我想到了不能只是告诉孩子要正念的第二个原因,我将其称为"吃蔬菜"法则。我丈夫很爱吃蔬菜,而我多年来一直在努力学习如何接纳蔬菜,并定期食用。有时,他会含蓄地提醒我,午餐吃些沙拉要比金枪鱼三明治更好。我知道他自己也是这么做的,也明白他说得有道理,但通常来说,我还是继续把三明治当作午餐。这种情况和我们的个性或者婚姻质量是没有关系的,而是关乎人的本性。人们不喜欢让别人来告诉自己应该做什么,即使这些"别人"是爱我们的人也不行,为我们着想的人也不行,或者那些言行都正确的人也不行。我们喜欢掌控自己的人生,喜欢自己做选择,甚至是不惜做出不利于自身的选择,也要获得这种期望的自主权。即使是最善意、最合理、最用心良苦的建议,我们也会把它视作是对自主权的威胁。即使是我们周围最成熟、最深思熟虑的人,也会因更在意自己的权力和独立性,而对他人宝贵的建议视而不见。(在我看来,大多数孩子不属于上述所说的"我们之中最成熟、最深思熟虑的人",我的孩子自然也不是，而且在大多数时候，我也极难做到。）

只要你曾向孩子们提过建议，相信就能明白我在说什么。孩子跟父母之间对于自主权的争夺，比其他任何方面表现得都要激烈。为人父母，势必肩负着关心孩子健康、安全和幸福的责任，而孩子们也在不断成长，发挥着其主导力量。若正念已成为你生活的一部分，孩子恰巧也知晓此事，那就请试着邀请他一起尝试一项新的训练、游戏或活动，他有可能会很感兴趣。当然，也有可能不感兴趣，这还要取决于你当时的心情如何、孩子所处的发展阶段，甚至当天的月相也会对此产生影响，最后可能导致你提议的三步呼吸法和我丈夫建议我吃沙拉一样，收效甚微。尽管我们的终极目标是想在直接指导孩子和树立榜样之间取得平衡，不过有些时候，我们的确需要精简一些教学的步骤，专注于自己的训练——无论是吃蔬菜还是做冥想。只要我们保持言行一致，孩子最终也会有足够的兴趣来自己尝试。也许直到他们长大成人，外出独居时才能做到这点，但至少我们已为他们种下了一颗"正念"种子。

共情：我们无法对未体验过的事给予建议

最后一个也是最重要的原因：只有我们亲身示范，才能真正了解正念的含义，体会正念的实际用途。许多事情若没有躬行实践，就很难言传身教，正念便是其中之一。对于以仁慈和接受的态度关注当下这一事，人们有着许多误解。无论我们读了多少本关于正念的书（也包括本书）都无从解答，因为正念本身就不是一件仅凭思考就能理解的事情。

就像你从来没下过水,却试图教会孩子游泳。也许你把书架上关于游泳教学的书全部读了个遍,知道了如何控制好身体才能在水中漂浮,学会了不同的游泳姿势,也知道了何时吸气以及如何用鼻子呼气才不会呛水。但是只有当你亲自下水,感受周围的水压,切实体会到无法呼吸的感觉——但你能保持足够冷静,适时把头露出水面,从而得以正常呼吸——只有这时,你才能真正感受到孩子在游泳池里扑腾时经历的一切,他心中所需要的安全感和最终学会游泳感觉。

所以当你建议孩子尝试正念练习,自己却没有相关经历的话,这如同随手扔给孩子一个救生圈,假装是在教他游泳。换言之,你给他的只是一个工具而已,当下能否即刻奏效尚不可知,但这总归不是他可以内化的知识。因此,他还是会畏惧困难、躲避麻烦。当救生圈不起作用时,他几近溺水,不停挣扎,甚至会窒息。幸运的是,你可以决定下水进行练习,并注意自己的体感。这是你指导孩子最好的方法,不仅如此,你还将从正念练习中受益良多。

> **个人建议　先联结后纠正**

"先联结后纠正"本是育儿书中一个常见的短语,但也几乎适用于其他社交互动。从根本上说,这句话的意思是,如果你与他人取得了联系,那么他们就更有可能接受你的反馈和建议。这也能解释为什么当你的孩子遇到困难时,我们不能只是告诉他做深呼吸，而是应该先花时间与他沟通。哪怕你仅用片刻时间去了解他到底经历了什么，再给出自己的建议，也更能让孩子欣然接受。所以，当孩子下一次遇到困难时，请你先做几次深呼吸，让自己冷静下来，以便与孩子建立好联系后再纠正其行为。

正念练习有两种基本方式

最适合正念练习的时间就是在你心情相对平静和放松的时候。如此，当我们或者孩子们身处困境时，至少已经储备了一些正念练习方面的经验来应对。同时，这也是把练习方式教给孩子的最佳时刻。在孩子们心情好的时候，分享这些想法和练习方式，远比在他们充满焦虑、愤怒或者感到疲惫时再分享更有成效。

正念练习有两种基本方式：正式的练习和非正式的练习。正式的练习与冥想是一回事，冥想是一个看似高深的词，即每天留出一段时间，只关注一件事，其余的则一概不做。例如，你可以专注于周遭的声音、自己的呼吸、走路时的脚步，或身体的感觉。非正式的练习则是全神贯注于日常所做的每一件事，无论是洗澡、开会、带儿子打针、看女儿的曲棍球赛，还是与同事、朋友一起吃晚餐。

无论何时进行冥想和正念练习，我们仍会经常走神——事实上，经常是每隔几秒钟就走神一次。这很正常。因为我们的头脑本就是用来思忖、考虑、计划、分析、担心,还有预测的,而且其最主要的功能就是发现更多好东西,远离那些不愉快,甚至有些无聊的东西。正念的目标并不是要阻止大脑思考的过程,这行为无疑是天方夜谭,没有人能做到心如止水。无论我们是坐着冥想还是在煲汤,所追求的目标——以一种友好、易接受的方式,引导神游于身体之外的思绪回归到周围的声音、自己的呼吸、行走的脚步或身体的感知上。

留意我们的想法,并与它们保持一定距离,多尝试几次,就能意识到我们本身并不等同于我们的想法。一旦意识到了这一点,我们便可以选择是否与之为伍。与其沉溺于幻想和忧虑之中,不如将其视为路边驶离的汽车,任它飞驰。不是每一辆碰巧从身边经过的车都同我们顺路,我们要坐的只是那辆驶向同一目的地的车子。若我们明白可以选择真实地面对自己和孩子时,便也能够意识到我们可以自由地做出选择,还能指导孩子做同样的事情。当然,我们无法确保每次都能做出最好的选择,这时要学会用幽默和仁慈的态度来包容自己。不过,第一步要做的就是先与自己的想法保持一点距离。

在此,我提供了几种具体做法供你尝试,有些比较正式,有些则相对随意。下文是一些常见的冥想方法。如果你信仰宗教或其他传统,也可按照自己更喜欢的方式冥想,这都无妨。最重要的一点是,请把冥想当成一次愉快的经历。正如身为母亲、作家和佛教禅宗僧侣的卡伦·梅森·米勒所说:"冥想的意义不在于受苦,而在于减轻痛苦。毕竟生活本身已经苦不堪言。"我鼓励你多尝试不同的方法，一次只做几分钟也好，只有如此才能找到真正对自己有效的方式。

五个正式的冥想练习

正式的冥想需要你每天为此留出专门的练习时间。这里只介绍了五种基本方法，此外还有许多其他风格的冥想方法供你练习，最重要的是找到一种你最喜欢的方式。我建议至少学习一种基于呼吸的冥想方式，以便随时随地都可进行练习。下面的步骤应该足以让你迈出第一步，不过你若想得到更多指导，可以去本书资源库参考列出的书籍、网站和应用程序进行深入学习。

阅读此部分时，请记得这几件事：

· 先从每天冥想十分钟开始。若是感觉时间太长，那就缩减至五分钟，哪怕两分钟也可以。坚持练习才是最重要的。相较于一周才做一次二十分钟的冥想，每天都做五分钟的冥想则更有效。正念就像身上的肌肉，每冥想一次，肌肉就得到了一次锻炼。冥想的时间越长，进入状态就越快，这样在你真正需要时，你才能更快速、更容易进入正念状态。

· 冥想的时间没有最合适一说，按自己的日程安排来就可以。有些人喜欢在清晨刚起床时冥想，拥有一个美好的开始；有些人则喜欢在临睡前整理自己的思绪，好安心入睡。若你平时十分忙碌，我建议你抽空做做冥想，不用非得等某个特定时间，如安静的清晨或者孩子们入睡后的夜晚都很合适。如果情况允许，我一般都会提前十分钟接女儿放学，利用这段时间在车里做深呼吸或冥想。此外，我还会利用待诊、排队、步行上班的时间进行冥想练习。关于冥想场景和时段是没有规定的，所以说发挥想象吧，找到适合自己的时间段进行冥想。

· 没有"糟糕的冥想"这一说。冥想练习做得越多，你越会注意到有些时候思绪是平静、稳定的，越能轻而易举地保持专注；有些时候，思绪就像跃出水面的鱼，无论你多想抓住它，它都会从你的手中溜走。这时，请先放松，收回纷乱的思绪，再次将注意力集中到呼吸、聆听、行走中去。如果冥想实在难以顺利进行，甚至于每隔两秒就重蹈覆辙，没关系，请坚持下去。即便此刻你仍未察觉到冥想有何效果，但在往后的日常生活中，你一定会受益匪浅。

· 如果你没能坚持每天练习，落下了一两天甚至更多，没关系，请不要担心，也不必为此感到紧张或内疚。照顾家中年幼的孩子已是难事，更别提抽空练习冥想了。正如我的正念指导老师所说："孩子就是父母的修行。"所以，对自己宽容一些吧。无论落下了多少天，你都有重新开始的机会。

一般来说，冥想有四种传统方式：行、立、坐、卧。冥想时，可以选择开目明视，也可选择闭目养神。多尝试一些不同的方式，才能知道哪种最适合自己，而采用不同的冥想方式，还可能得到更好的效果。因为在一天中，人总会有不同的感觉和感受，变化会带来新的体验。

呼吸练习

调整到舒适、警觉的姿势,坐着或躺着都可以。闭上双眼或保持双眼微张,做几次深度而充分的呼吸,之后让呼吸保持在自然节奏上。注意吸入的气体在你身体里的走向:它来到了鼻端,进入到鼻孔,随后进入起伏的胸腔,再进入运动中的腹部。吸入气体来到了身体哪个部位,你的注意力也应该随之集中于此。不必改变呼吸节奏,只需专注于它。每当思绪游离时,应自然地将注意力拉回呼吸上。如果很难保持专注,可以轻声念出"吸气"和"呼气"的字眼调整节奏,或者从一到十默数呼吸的次数,如此往复。

聆听练习

调整到舒适、警觉的姿势,坐着或躺着都可以。闭上双眼或保持双眼微张,做几次深度、充分的呼吸,之后只专注于听。把注意力集中在周围的声音上:孩子的吵闹声、呼吸时微弱的声音、周围的环境声、奔驰而过的汽车发出的轰鸣声……当注意力无法集中,脑海里便浮现出杂乱的想法,而你只需客观地注意它们,并让其消失,之后再回到聆听上来。若注意力再次难以集中,就再次将其拉回,重新聆听周围的声音,循环往复。请注意,这并不是要求你要从头到尾都专注地倾听着。而是说,你要注意何时停止冥想练习中的聆听,使注意力重返日常的声音中。

行走练习

行路途中、久坐导致瞌睡、推着婴儿车带宝宝散步,又或是出门遛狗,这些时刻都很适合行走冥想。有多种方法供你选择。同样,要先找到需要专注的事情,然后一次又一次将注意力集中于此。在行走时,你还可以做一些聆听或呼吸方式的冥想,也可以从一到十默数走过的步数,循环往复。或者,你还可以专注于行走本身,留心每一步的动作,观察身体重心是如何从一只脚转移到另外一只脚的。抬起左脚,再放下左脚;抬起右脚,再放下右脚。你可以说出转移、抬脚和迈步的动作,从而达到保持专注的目的。若是每走几步,思绪就会游离也没有关系,再次将其拉回聆听、呼吸、默数计步或行走中即可。

快速扫描身体

立、坐、卧这三种姿势都能进行此项训练,其要点是:快速扫描整个身体,找出此刻正处于紧张状态或承受痛苦的身体部位。这不一定是为了放松,也不一定是为了终结当下的感受,更多的是为了让你意识到自己的身体正在经历什么,而这些又将对你的思想、感觉和与他人的互动产生什么影响。

- 花些时间接触实实在在的物体。感受大地,关注脚踏实地的感觉;或仅仅只是感受身体与椅子接触的部分。
- 做三次有意识的深呼吸,注意经过鼻孔、胸腔和腹部的空气。
- 可以从头部开始扫描身体,也可以从脚部开始(试试这两种方式,再选择你更喜欢的哪种),将注意力从上至下(或从下至上)慢慢聚焦于身体的每个部位,注意它们所处的状态:放松、痛苦、紧张、从容,或是其他种种。例如,如果你从头部开始扫描,则需将注意力从上至下聚焦,即从头部、到脸部、到脖子、到肩膀、到胳膊,再到每个手指。再一次从此时出发,将注意力集中于胸腔、腹部、背部,然后再是臀部、骨盆、大腿、小腿、脚踝,最后到脚部。如果身体的某个部位没有任何感觉,或者只是无法用言语形容这种感觉,都没有关系。你只需专注于它就好。

- 当思绪游离身体时——这很容易发生——你只需专注于它,然后将注意力重新集中到身体上。

若感到某处肌肉紧张,你可以做些伸展运动放松一下,也可以轻轻按摩。但请你记住,此项练习的主要目的是提高自我意识,让自己知道是身体的哪个部位承载了你的感受,而这些感受又如何影响了你的行为,反之亦然。

快速扫描身体,短则需要五分钟,长则四十五分钟也有可能,这取决于注意力在身体每个部位的停留时间。如果你不清楚该如何做,可以去网上查阅与冥想有关的免费教程。

慈爱练习

Metta(巴利文单词,中文翻译为"慈爱")或慈爱训练属于冥想的一种,在此过程中,我们应有意识地对自己和他人心怀善意,并慢慢形成习惯,这与"神经元相互连接的理论"相一致。我们越是经常思考或做某件事,就越有可能再次思考或做同样的事。同理，若我们一直进行慈爱练习，那在与孩子的接触中，就能更轻松地施以耐心和仁慈。

练习本身很简单，坐着、站着、走着，在商店排着队也能进行。选择一个人作为关注的焦点（可以是自己、熟人、爱人，随便一个路人，比如邮递员，当然也可以是整个世界），当你想到他们时，请在脑海中重复这些话：

愿你快乐。
愿你健康。
愿你平安。
愿你活得轻松自在。

除此之外，我还喜欢另外一种说法："愿你感受到爱。"这些话语不像需要实现的目标那样重要，若是这些特定的话对你毫无作用，那就请你挑选三到四个你喜欢的短句来替换。

注意力从此岸到彼岸的这几分钟，希望你能持续重复这些短句（按照传统的做法，慈爱练习先是面向自己，其次是普通的人，然后才是那些给我们造成困扰的人，最后是整个世界。你可以按此顺序进行训练，但只选一个人作为关注的焦点也未尝不可）。若思绪四处游走，就将其轻轻拉回到你所想的那个人身上，继续重复这些话语。

非正式冥想训练

如果说正式的冥想练习就像每周（甚至每天）都去健身

房认真锻炼几次,那么非正式的正念训练就类似于爬楼梯,把车停在离出口稍远的地方(取车时需要多走一段路来当作散步),或者离开座位伸伸懒腰这样的小事情。重点是将正念真正地融入你的生活。无论是早上刷牙、喝咖啡、品茶、发电子邮件、与家人共进晚餐,还是陪孩子阅读,这些日常小事都是培养善良和好奇的机会。我们的目标不只是单纯地关注事情本身,而是培养一种能力:尽可能专注于正在做的事,而不对其进行评判或希望它有所不同。与冥想一样,你的思绪也会游移,而你要做的仍然是在意识到这种偏离后,再次将其拉回来。

我建议你选出一至两项愉快的活动,作为正念练习的开始。例如,我会选择在洗澡(我已经记不清到底有过几次,洗到最后才发现头发湿了,但却不记得自己是否原本要洗头发)或给女儿们讲故事时做这项练习。直至我开始正念练习,我仍不敢相信自己有时竟读完了一本书,却对故事的内容一问三不知。我坐在沙发上,眼睛扫过书页,心里默念着书上的这些字词,但满脑子都是我的待办事项、跟朋友不欢而散的对谈、生病的家人、职业规划,以及忘记去上瑜伽课这些乱七八糟的事情。一旦注意到思绪飘忽不定,我就会有意识地将其拉回到书本和女儿们身上。至此,我发现给她们讲故事不再像是一件苦差事,又或是必须要完成的任务,相反,它给了我一个和女儿们沟通的契机。每当讲完故事,我反而感觉到无比的放松,觉得更有活力,也更快乐了。

萨拉·鲁德尔·比奇是两个孩子的母亲,同时也是博客

"左脑佛陀"的作者,她为我们提供了一些日常正念练习的方法,对于忙碌的父母来说尤为可行。

· 重新认识常规活动。如:穿衣、坐公共交通、排队。

· 掌握练习技巧。如:发送电子邮件或接听电话前做三次深呼吸。

· 与孩子或他人互动。包括认真倾听、专注于与他们正在玩的游戏、在他们遇到困难时保持冷静。

· 清洁或做家务。如:吸尘、叠衣服、洗碗。

· 检查身体。可以做一次快速的身体扫描,来了解此刻处于紧张状态的身体部位,花一分钟时间专注于呼吸或稍稍放松一下(见第 1 章的 CALM 平静提醒)。

理论上讲,一天中的任何时刻都可以做正念练习,但千万不要给自己定一个每时每刻都要正念的目标。即使你恰好在禅宗寺院里养育孩子,这也是不可能完成的任务。请记住,若你只是忘记了正念练习,千万不要苛责自己,而要善待自己,宽恕自己。

个人建议 巧妙利用"三大黄金时间"进行练习

我很喜欢米娜·斯里尼瓦森在三大黄金时间来做正念练习的方法,即喝下午茶的时间、过渡衔接的时间和如厕的时间。父母们忙忙碌碌一整天,很少能有时间停下来做深呼吸。但实际上每天只要进行几次短时间的正念冥想,就能帮助你有效缓解巨大的精神压力。所以,请充分利用这三大黄金时间深呼吸，让身体、感觉以及当下时刻都融为一体吧。

开始正念练习后，我希望你能记住两件事。首先，你很容易囿于正念训练的相关细节，比如它到底是什么，如何用正确的方式去做。不要担心这些问题。如果你记不清其他事情，只要专注于游离的思绪，做深呼吸将其带回到当下即可。能做到这一点，练习自然会慢慢熟练起来。其次，正念练习不应该成为你的负担。不要因自己的疏离、遗忘或陷入完全无意识的时刻而懊恼。若你那样做，说明你被心中那只疯狂的"猴子"劫持了。从根本上说，正念是要怀着明确的意识和同情心来看待自身及他人的经历。当出现失误时，请不要太过沮丧，因为这再正常不过了。每个人都是如此，一次又一次，直到我们意识到当下发生的事情，这给了我们一个做出不同选择的机会。

与孩子分享自己的实践经验

正式和非正式的训练融入我们的日常生活后，也许你就想与孩子分享一些实践经验。这里有一些简单的方法供你参考：向孩子展示你正在做什么；与他一同聊聊正念练习；向他解释正念是如何影响你的思想、情感和行为的。从根本上说，正念是基于自身的态度和内部经验的，除非找到正确的方法告诉孩子你在做什么，以及为什么这么做，否则他很难将正念与幸福、感激、同情和耐心联系起来。此方法旨在毫无保留地展示你的正念实践，而不是对孩子说教，所以一定要注意孩子的反应。如果他目前对此并不感兴趣，就暂且放一放，日后再来讨论这个问题。

分享正念练习并不是一件易事，无论是敞开心扉，还是将自己的脆弱示人，都需要莫大的勇气。问题在于正念是意识到自己一心多用，或沉迷于疯狂的想法，以至于与现实脱节；是在每次发生这些情况时，以宽恕和怜悯的态度对待自己；是允许自己充分享受美好的时刻而不被怀旧或焦虑所压制；或是管理好自己的情绪，更好地面对困难。这些都可作为宝贵的经验分享给孩子们。他们学习这些经验的前提是，须得看到我们亲身实践它，听到我们谈论它。事实上，极有可能我们会忘记同孩子一起讨论它，即使记得，实际操作起来也有一定的难度。我不知道你是如何想的，但于我自身而言，我并不急于告诉孩子们我的心烦、困惑或焦虑，毕竟能承认这点就已经很难了。但是，若我们能以真实的、毫无保留的方式同孩子们分享正念经验，他们就越发对此产生浓厚的兴趣并想要加入其中，而且极有可能会对我们提供的正念活动兴致勃勃。

我采访了几对父母，他们提供了一些方式来示范是如何与孩子们分享正念时刻的。

·大声问自己问题。此方法可以很好地展示好奇心，也正是正念练习的核心。比如你可以问："我现在的感受是什么？""我现在在想什么？""我现在需要什么？""我能做些什么来善待自己或我的孩子？"

·展现同情心。比如说：可以给无家可归者送些食物或现金；不要杀死虫子，只是将其清理出房屋。

·解释自己为何不在吃饭时看电视或读杂志。比如"因为现在是晚餐时间"这样的话就很有力量。当我们谈论当下的价值，专注于眼前的食物与家人，孩子们很可能从中学到一些重要的知识——关于联系、仪式和用心饮食。

·尽情享受快乐的时刻。即使是在心情好的时候，也不要害怕谈论保持专注或联系有多困难。向孩子们解释如何体会某件事、完全沉浸于某种体验又意味着什么，以及这样做如何使我们更投入，更能记住这些时刻，并享受随之而来的改变。

·大声表达感激之情。仅仅只是体验和表达感激的行为，就可以改变几乎所有的经历。只要我们还在呼吸，就有值得感激的东西。记住这个事实，我们便能获得足够的认知，拥有更加清澈、仁慈的心灵。

·让孩子知晓你为何要做深呼吸，以及它是如何帮你渡过困境的。

·分享一次你犯了错，但同情并原谅了自己的经历。

·谈谈你一直喜欢的冥想团体、演讲或书籍。

·与孩子一起聆听简短的冥想。一位母亲指出，她的孩子从应用程序中选择冥想内容时，反应尤为强烈（相关建议详见本书资源库）。

·参与定期的传统活动和家庭仪式。这可以帮助你走出当下陷入的困境，感受到彼此之间的联系，与文化、传承之间的纽带，以及与当下时刻的联结。

·明确放置手机的位置。比如在玄关处指定一个地方，每天下班一进门就把手机放在固定位置。

·邀请孩子加入你的冥想训练或瑜伽练习。请你确保合理的期望。

·如果你使用了冥想垫或修行钵（由一个紫铜钵及一个手工桃木的柄组成，用带垫的小木槌敲击钵体发出声音，常用于冥想练习），那就把它放在显眼处，以便孩子发现并熟悉它。如果孩子问起你在做什么，正好跟他说说你的经历。

·大声提醒自己。你总有重新开始的机会。

这几个想法可以帮你走出分享正念经历的第一步。记住，我们的目标是通过分享自己的抗争和经验，来为孩子们播下正念的种子，并不期望孩子能从中学到什么，或者开始练习什么。

个人建议　必须坚持训练

虽然在比较安静的时间练习冥想，成效会更好，但作为父母的我们，很难拥有片刻专属时间。即使身处生活的旋涡，请你仍要坚持正念练习，这是一项非常有用的技能——事实上，这是所有练习的最终目标。因为越是混乱的时刻，我们越能从中获益匪浅。所以，如果你来不及在孩子苏醒前进行冥想，可以尝试在他醒来后再进行练习。让他知道你要做什么，并邀请他同你一起——或者只是在你身边爬来爬去，这视情况而定。你可以练习呼吸冥想或聆听冥想，当每次被其他事情分散注意力时，让思绪回归到呼吸或周围的声音上。即使这样的练习只能持续两分钟，对孩子来说也是一次宝贵的学习经历，同时也是维持自身冥想习惯的有效方式。

　　正念协会的主要研究者之一约翰·提斯代尔指出，做正念练习并不难，将它时刻放在心上才难。因此，不要对自己过于苛责，就像对待注意力不集中、忘记某些事情或热衷于做白日梦的孩子一样，请用善意和接纳的态度来对待自己，温柔地提醒自己重回当下。你越是能做到这一点，就越能发现在这一天中，自己与正念意识的距离越来越近。有了这些经验后，想办法将它分享给你的孩子。诚然，每一次的分享，都是在为他加入你的正念旅程做准备。在第二部分，我将带领你探索如何与孩子分享这一旅程。

Part
2

给孩子传授正念之道

第 3 章

帮孩子寻找自己的内在"禅师"

有人说,孩子就像小禅师。我第一次听到这句话时,险些把咖啡吐了出来。毕竟我的两个女儿看起来更像是喝了太多拿铁的"小马驹",跟沉静稳重的灵魂领袖毫不沾边。然而,随着我慢慢理解正念的内涵,并充满善意和好奇地看待周围一切,在混乱的生活中找到平和与稳定的内在源泉后,我开始意识到我的女儿们既有能力保持高度的专注,也有能力在自己注意力分散时挑战我,引导我去做同样的事情。乔·卡巴金教授对此有很好的解释,他指出:"禅宗大师可能会不断地引导你,所以你有很多机会来练习如何保持清醒、平稳情绪。而孩子,就其本性而言,会质疑、扰乱你所知道的一切。这也是将正念意识融入当下情景的天赐良机。"父母们树立的包容、好奇和友善的生活态度,是一种向孩子们传授正念的有效方法。此外,家长们在意识到我们的孩子已经用自己的方式做正念练习时，应给予他们支持和引导，这是培养他们正念思维的另一个重要方法。本章将会对这些方法进行详细阐述。首先，请先看下面一个例子，它足以说明孩子的确可以成为他们自己的禅师。

最近，我女儿就读于一所双语幼儿园，在得知她的两位老师不会用英语同她交流，而自己可能理解不了老师说的话以后，她便开始惊慌失措。开学前的一个星期，她都在为此担心、哭闹，告诉我们她不想上幼儿园。我理解她的担忧。进入新学校已经让她心生恐惧，更何况还要面对语言不通的压力。不出所料，第一天送她上学时的情况并不乐观。当我准备离开学校时，她紧紧地抱着我号啕大哭。然而，下午接她放学时，她就蹦蹦跳跳地扑进我的怀里，问我她可不可以留下来参加下午的活动，第二天再回家。那天晚上，我问起她那些不会用英语同她交流的老师时，她稍微愣了一下，然后说："好吧，我想我应该去弄清楚他们在说些什么。我会集中注意力，尽量明白他们所说的话。"

我女儿也许并未察觉，但在那一刻，她正是采取了正念的方式来处理问题。这不涉及呼吸练习或任何形式的引导活动，你看，我也什么都没做。即便如此，她还是向我展示了正念的两个核心要素：接纳和好奇心。她不再与现实抗争，也接纳了新学校和老师要说另一种语言的事实。在此之后，她便能选择自己的行为，值得认可的是，她决定要听从老师们说的话。这种情况下，我要做的就是支持她，而且对她的经历心怀好奇。具体表现为仔细聆听她在幼儿园里的点点滴滴，适时地问问她是如何推断老师所说的意思的。

> **个人建议　十分钟正念练习**
>
> 留出十分钟的时间与孩子进行心灵上的沟通，趁小家伙沉迷于游戏时效果最好，当然其他时间也可以。只是跟他待在一起。不要问他在做什么，不要评论，也不要提出建议，只是专注于自己和孩子的体验。当你发现自己的思绪游离到未洗的脏碗筷、待打的电话，或想看的节目上时，应马上将注意力回归到孩子身上。注意每次这样做时会发生的事情，以及那一刻你的感受。

保持正念状态

我相信你已经看到了孩子的正念时刻：如他专注于搭建有史以来最高的乐高塔；用心构思一个住在床头柜里的仙女的故事；或者专心致志地听着最喜欢的歌曲中的每一个字和每一个音符；抑或是他在足球场上，准备进球的那一刻……也许他在这些时刻看起来都没有特别用心，但这些的确都是正念时刻。尽管你的孩子没有席地而坐、屏息凝神进行冥想，但当他只专注于一件事、全神贯注、不自我评判、心无旁骛时，确实已进入了正念状态。当他对周围的世界感兴趣时，也许会用手指捏捏香蕉感受一下，也许会停下来认真观察一朵从人行道的裂缝中生长出的花，也许会问人死后会发生什么，也许会问为什么必须吃蔬菜，又或者会问人体的某个部位为什么长这样，这些好奇恰恰体现了正念的思维。最终，他开始关心他人的感受、健康或幸福，给哭泣的兄弟姐妹拿一个特别的玩具，为过生日的朋友制作贺卡，或是放学后看望生病的朋友，如此种种迹象皆表明了他们正进行正念练习中很重要的一课：同情心。

这些时刻之所以非常重要，原因如下：每当孩子们集中注意力、保持好奇心、展现创造力，或表现同情心时，他们就在学习专注于内心和周围发生的事情。他们在学习建立联系，以新的方式思考，并巧妙地应对困难、挑战或是无聊的局面。同时，他们在练习对自己和他人抱有同情心和善意，并且利用自己的内在经验来获得灵感、指导和抚慰，而不是依赖别人来做这些。如今，孩子们越是经常练习这些事情，在未来就越有可能做同样的事情。因为这些微不足道的行为，其实质是在巩固正念行为习惯、提高正念练习技能，同时加强大脑相关区域的神经连接。

以上便是要在孩子们处于平静、快乐状态和表现良好时进行正念练习的原因。此外，这么做的另一个原因是，孩子们在此时才能最大程度地欣然接受我们传授给他们的知识。诚然，越是在自身状态良好时进行正念练习，才越能更好地掌握和使用这些方法来摆脱困境。正如我的一位正念老师曾经说过的："不要在情绪崩溃时进行冥想。"

日常生活中，孩子们在心情平静时做正念练习，会取得更好的效果，也能更好地掌握和运用这个方法从愤怒、焦虑或悲伤的情绪中走出来。可以肯定的是，积极引导他了解正念的意义和做法是此过程的一部分，之后的章节将会详细阐述。然而，如果你已注意到你的孩子已然成为自己的小禅师，那么在这个过程中请予以他支持（至少不妨碍他），你的努力也就得到了最好的回报。

这听起来相当简单，事实也确实如此，但做起来并非易事。当孩子们专注于某件事时，我们恰恰希望他们能尽快做好下一件事——通常是饭前摆好餐具、走出家门等。此外，他们的好奇心也常常让我们不知所措，特别是当他们问起上帝、性，或我们大腿后面紫色纹路是怎么一回事时。拜托，我们真的不想讨论这些问题……可是，如果我们错失这些机会，或者没有意识到这有多么重要，又或者我们只是没有足够的精力来同他们讨论这么有难度的话题，那么孩子就会感到备受忽视，好奇心顿失。正如某位身为两个孩子的父亲所说的那样："所以，我们身为父母的工作就是要像清除污点一样清除这种正直的'无知'；让孩子们理解过去做出轻率行为的遗憾和最后期限的压力；向他们灌输一种匆忙前行的意识；教他们挥别'当下时刻'，转而奔向'其他地方'。也就是说，我们基本上剥夺了他们'活在当下'的能力，直到他们成为失意的成年人，又要花一大笔钱买书籍自学，试图重新掌握这种技能。这确实有点儿荒谬。"

我并不是说应该放弃跑腿、做家务、写作业、走出家门、继续生活这些事情，只是因为孩子们正忙着搭乐高海盗船或玩闪亮情人节，或者正好奇直升机是如何飞行的、为什么已婚的父母不能再结婚。我们的工作是引导孩子按时到达目的地，尽可能顺利地在各种活动之间穿行，并再次对他们的需求做出回应，即使这对他们来说不太轻松，甚至有些心烦意乱。问题是这种学习与我们的日常生活交织在了一起，这样的时刻也便于他们学会接受正在发生的事情（比如妈妈要求他穿上鞋子），并从接受的角度出发，选择自己的行为（"孩子，请你穿上你选择的鞋子！"）。然而，正如大多数人知道的那样，无论我们是否愿意，事情总一件接着一件，做不完，我们几乎没有时间感受到压力和忙碌。但实际上，我们需要提醒自己和孩子，放慢脚步，全神贯注，对周围的世界保持好奇心。这就是每天做正念练习是如此重要的原因之一。

孩子处于正念状态的时刻

尽管从打扫到刷牙，所有活动都有机会来锻炼意识，但正念练习的基础是由五种具体方法构成的。判断孩子是否处于正念状态，并不是一件易事，但你可以通过问自己以下五个问题进行一场小型评估，以此弄清楚孩子是否在做正念练习：

1. 他只专注于一件事吗？
2. 日常活动中、思考问题或者解决问题时，他具有创造性吗？
3. 他对自身经历、困难处境或者他人的观点感到好奇吗？
4. 他对自己或者他人（包括动物和其他生物）都怀有同

情心吗？

5. 他安静吗？这可能是一个棘手的问题，因为有些孩子天生就比其他人安静，他们可能会安静地坐着，不过这往往是一个好的开始。

因此，寻找这些经历吧——专注、创造力、好奇心、同情心和安静——因为上述每种经历，都表明孩子正处于正念状态。有一点很重要：如果你的孩子一直盯着电视、平板电脑或智能手机，这些都不算是正念练习。看节目时，他们只是看起来很安静、很专注，但实际上，只是盯着屏幕出神，并没有全身心地体会当下的经历。

专注度练习

专注度是保持专注的能力，是最基本的正念技巧——更不用说大多数父母都希望孩子拥有更多的专注力。专注度需要练习，我们练习得越多，做事就越熟能生巧，得心应手。这不一定需要我们努力思考或努力工作才能弄明白某事，只需我们集中注意力于一件事情上，不管这件事是什么，都要时刻将分散的注意力重新聚焦于当下的事情上。这种技能不仅对人们在教室学习、演奏厅欣赏节目、运动场上运动时起到积极的作用，也能在情绪不稳定时派上用场。通常我们倾向于对诸如愤怒、悲伤、担忧和无聊等负面情绪视而不见，或是转移注意力——而这些情绪无处不在，无论是学校、练习室，还是餐桌旁。因此，我们要指导孩子正视这些不愉快的感觉，让他们真正体验到自己的情绪，而不是试图逃避它们所带来的治愈力量（虽然这听起来有些自相矛盾）。此外，他们还会意识到感觉只是感觉——不是现实——它们不会永远都存在。为此，我们还可以采用一个非常有效的方法：注意孩子真正专注的时间，不要妨碍他。如果他正处于困境，那就请用好奇心和同情心来回应他的努力吧，这便是对他最大的支持。

个人建议　进行专注度游戏

有几种游戏和活动可以帮助孩子们培养专注力，比如记忆游戏、拼图、叠叠乐、大家来找碴儿（在两幅较大的、内容相同的图片中寻找两者的不同之处），或手工项目，如编织、给曼陀罗绘画（这种图案通常设计为圆形和正方形结合，有许多不同的重复形状）填色。

培养创造力

虽然创造力不在正念的范围之内，但它与正念息息相关，也是极有价值的童年经历之一。我在爱画画的大女儿身上注意到了这点。她画画很用功，脑袋里想到什么，就能准确生动地画出来：孩子玩耍的场景、仙女飞舞的场景、动物游行的场景，甚至是她自己的梦境……对于一个五岁的孩子来说，她的画画技能可以说是相当不错，她毕竟才五岁。然而，她从未告诉过我她画不了什么——那是因为她还没被完美主义所干扰，不会焦虑自己会不会画，或是画得不够完美。她只是拿起画笔，尽其所能在纸上作画。这就是正念在起作用。

不足为奇，我女儿的画时常反映出她内心渴求或希望表达的思想。记得有一次，大概在她三岁时，她因为某些事情对我大发脾气，继而她拿出一支大号灰色记号笔，愤怒地在白纸上乱涂乱画。这件事提醒了我，孩子们的创造力是他们内心世界的窗口，这对为人父母的我们来说可谓意义非凡。我们由此才知晓该如何与他们接触，怎样更好地了解他们的感受和想法。

每当我的小宝贝们画画或者做其他发挥创造力的事情时，她们都是在为进行正念练习做准备工作：首先，她们一般只专注于一件事，这是正念的基础。其次，她们对自己的经历或周围的世界充满好奇心。她们想知道什么是可能的，抑或是在不需要他人的指导或反馈的前提下，她们可以自己创造、制造或想象出来的。最后，无论她们是否意识到，她们都抱着同情和仁慈之心对待自己，而同情心和仁慈对于保持创造行为的持续性很有必要。试想一下，若她们开始苛评自己，或将自己的技能与他人进行比较，会产生什么后果？我猜，她们多半会选择放弃。

这里需说明一点，创造力不仅仅关乎艺术、音乐或搭积木——尽管对大多数的孩子来说，这些都是创造的开始——创造力还包括课堂学习过程中，所形成的一种新的思维方式，在运动场上的锻炼，或对家庭成员、朋友们采取不同的回应方式。无论它以哪种方式体现在孩子身上，我们都应时刻关注,并给予孩子支持和鼓励。

> **个人建议　画出感受**
>
> 这是帮助孩子开始认知、辨识感觉的一个好方法。你可以先读一本描述不同感觉的书,并与孩子讨论它。之后,给孩子一张纸、几支马克笔,让他画出(他所理解的)不同的感觉,或者画一个身体轮廓,再画出承载不同感觉的身体部位。尽量不要评判他的作品,也不要纠正他,如果你觉得有必要,可以问问他所画的东西,就以"你给我讲讲你画的是什么?"作为开场白吧。就像本书列出的许多活动一样,如果跟孩子一起参与,那么活动会进行得更加顺利。

好奇心

"为什么?""你是怎么知道的呢?"这是最近我在家最常听到的两个问题。由于我不会撒谎,所以常常被她们搞得无比抓狂。虽然有时我的小宝贝们会明知故问,只是为了证明她们比我聪明,但更多的时候她们是真诚地发问。诚然,她们很想知道这个世界是如何运转的,而我又是如何知道这些知识的,或者为何我对这些知识一无所知。

虽然有时对回答孩子们的问题感到厌倦,但我每次都尽量认真回答,因为好奇心是一项我想要培养她们掌握的强大技能。它是学习过程中一个重要的因素,也是一项宝贵的生活技能。好奇心是一种想要学习或了解更多关于某事或某人的欲望，如果我们把精力都放在斗争、评判或希望事情有所不同上，就无法拥有这种神奇的能力了。只要孩子感到好奇，就意味着他已经接受了当下发生的事情，并对其产生了兴趣。出于好奇心和求知欲的驱使，他能更主动地探究关于自己、他人或周围世界的新事物。在那些时刻，你能给予他的最好帮助，就是同他一起保持好奇心，至少不是直接告诉他答案，而是告诉他应对之策——或者直接帮助他，这样会使他失去兴趣和好奇心。

> **个人建议** 善于发问，表达关心
>
> 孩子们经常因为陷入困难或困惑的处境向家长求助。可这些情况——也许是难以忍受的胃疼、玩乐时状态不佳的朋友，或者是莫名其妙的悲伤——可能又没有明确的解决办法。通常，我们的第一反应就是为他们解决问题。有时，我们的确能够妥善处理，可其他时候我们也无能为力。这种时候，展现好奇心便成了一种能够转移注意力且有效的回应方式。向孩子提出一些开放式的问题，不管他们的回答是什么，让孩子知道你关心他，不会被他遇到的难题吓得手足无措。这是一种可以让孩子保持好奇心和专注力的很好的生活方式。此外，这么做还有助于你们看清目前的困境，找到应对良策。

同情心

在我看来，一个孩子欺负弟弟时，可能是完全有目的、有意识的专注性行为，但这绝对不属于正念范畴。展现同情心，或与正在遭受痛苦并想要得到支持或帮助的人们相联系，才是正念意识的基本表现。我们希望孩子们能学会放慢脚步，接受当下发生的一切，以便培养他们形成一种深思熟虑、熟能生巧和乐善好施的生活态度。正如泰伦·威廉姆斯提醒我们的那样，这种态度可能意味着孩子会将一只在室内迷路的虫子温柔地带出室外，帮助兄弟姐妹完成难写的家庭作业，照顾好自己，或者不打架生事。它也可能意味着只是对他人抱有善意，并祝愿他们平安顺遂。

本书会进一步与你分享如何教导孩子重视善念的方法，以及善良待人的种种举动。现在，要记得观察孩子是何时照顾别人和照顾自己的，并且提醒孩子也要留意这一点。你不必大惊小怪，也不必对他赞不绝口，只需给予这种行为足够的关注，就足以表明这种处世方式的重要性。

个人建议　坚持"人无完人"的观点

培养同情心最有效的一个方法，就是要记住"人非圣贤，孰能无过"。每当自己或孩子犯错时，试着用诚实、释然的态度，同孩子分享你曾犯过的错并提醒他"每个人都会犯错"。人无完人，是一个多么简单的真理，但我们总是忽视了这一点。

活动名称 _____ Day 2

亲子互动内容

今日表现评价

总结

活动名称 _____   Day 5

亲子互动内容

今日表现评价

总结

活动名称 _____ Day **6**

亲子互动内容

今日表现评价

总结

活动名称 _____ Day 7

亲子互动内容

今日表现评价

总结

活动名称 _____ Day **8**

亲子互动内容

今日表现评价

总结

活动名称 _____   Day 9

亲子互动内容

今日表现评价

总结

活动名称 _____ Day **10**

亲子互动内容

今日表现评价

总结

活动名称 _____   Day 11

亲子互动内容

今日表现评价

总结

活动名称 _____ Day 12

亲子互动内容

今日表现评价

总结

活动名称 _____   Day **13**

亲子互动内容

今日表现评价

总结

活动名称 _____ Day **14**

亲子互动内容

今日表现评价

总结

活动名称 _____ Day **17**

亲子互动内容

今日表现评价

总结

活动名称 _____ Day 18

亲子互动内容

今日表现评价

总结

活动名称 _____   Day 19

亲子互动内容

今日表现评价

总结

活动名称 _____ Day **20**

亲子互动内容

今日表现评价

总结

活动名称 _____ Day 21

亲子互动内容

今日表现评价

总结

活动名称 _____   Day **22**

亲子互动内容

今日表现评价

总结

活动名称 _____　Day 23

亲子互动内容

今日表现评价

总结

活动名称 _____ Day **24**

亲子互动内容

今日表现评价

总结

活动名称 _____ Day **25**

亲子互动内容

今日表现评价

总结

活动名称 _____   Day **26**

亲子互动内容

今日表现评价

总结

活动名称 _____ Day 27

亲子互动内容

今日表现评价

总结

活动名称 _____   Day **28**

亲子互动内容

今日表现评价

总结

活动名称 _____   Day 29

亲子互动内容

今日表现评价

总结

活动名称 _____

Day 30

亲子互动内容

今日表现评价

总结

活动名称 _____ Day **31**

亲子互动内容

今日表现评价

总结

**READY,
SET,
BREATHE**

保持安静

"你想听音乐吗？"

每天开车接女儿们放学回家时，我常问她们这个问题。通常情况下，她们都会回答不想听。显然，度过了漫长的一天后，她们此刻更愿意安静地呆坐着，凝视着窗外。这一状况曾令我非常困扰：若是听得不够多，又怎么能够学会欣赏音乐呢？可久而久之，我逐渐认可了她们的这种行为——在忙碌的一天中寻求片刻安静的确是明智之举。因为日常生活中，这种能够让我们安静思考的机会，实在是太难得了。

安静对孩子们来说是一种非常珍贵的品质，主动选择抑或是被动选择都可以获得身心的安宁。持续不断的噪声分散了他们的注意力，使他们无法集中于当下的身体状态和所思所想。纷繁的噪声无形之中还施加着压力。如果孩子们一直关注外界的声音，就永远无法倾听自己的内心，也就不清楚自己真正想的是什么，需要的是什么，或者对他们来说，最重要的又是什么。如果他们将脑海中一闪而过的想法不断地倾吐出来，也就很容易错失斟酌话语的机会。我们要让孩子学会非常重要的一课：想法只是想法而已，它们并不是现实，也不一定正确，所以无须将其一一表达出来。花些时间安静地思考，深思熟虑后保留那些有价值的信息。

我们倾向于在安静的环境下进行祈祷和冥想，主要是因为安静有利于我们身心保持平静，能更好地了解自己。如果你的孩子同样喜欢这片刻的宁静，便可帮助他在困难时期重新获得内心的平和，但这并不容易做到。此时此刻，我们的想法往往消极可怕，相比之下，安静就会显得有些了无生趣。而这正是我们需要为孩子创造机会体验安静（而不是妨碍他们）的原因。不光对孩子们，对父母来说，保持安静也并非易事。我发现在接送小宝贝们上下学途中，要么总想跟她们说话，要么就是一到家就想放音乐听。请记住，我们越是为孩子提供安静的环境，他们就越能沉浸其中，而这种能力将使他们一生受益。

> **个人建议** 两分钟的聆听冥想时间
>
> 如果孩子们不习惯安静，那么这项练习则很难实行，不如将其改编成一个更易操作的游戏来得有用。设置一个一到两分钟的闹钟，倒计时截止之前，让你的孩子注意聆听周围的声音。请你告诉他，如果他愿意，可以同你讲一讲他听到了什么。对年纪更小一点的孩子而言，给他们一些明确的指示可能成效会更好，比如让他们注意聆听两三种声音，在闹钟铃响后再告诉你他听到了什么。

如何更好地应对孩子的正念时刻

也许我现在已经说服了你，孩子们能够时不时地接近他们内心的神明。一旦你意识到这点，就要想办法在他冥想时支持他，无论这一时刻有多短暂。要想成功做到这点，关键在于你该如何应对孩子的正念时刻。不管是何种情况，最有效的回应方式就是建立联系、保持好奇心、展现同情心。如果你无法做到上述几点，抑或是不赞同这些观点，那就请保持安静。如果上述这些对你来说还是有点复杂——毕竟照顾孩子本就容易睡眠不足，大脑更是昏昏沉沉——那么这里还有一种更简便的方法：留意此过程，并友好对待，最起码不要干扰或妨碍他们。我可没有开玩笑。有时，我觉得自己应该参与孩子们的活动，但由于各种原因，不仅精力不足，而且也没有那么强烈的意愿。每当发生这种情况时，我就会尽力克制自己不唠叨、不建议、不批评、不赞美——所有这些行为都可能分散女儿们的注意力。然而，在其他时间，我会试着为她们创造所需的时间和空间，以此表明我对她们的信任：她们的确可以成为自己的小禅师，然后留意她们正在做的事，好让自己尽可能以好奇心和同情心来回应她们。

建立联系

每天早上，这一幕在我家都会重演一遍：我告诉我的小宝贝们该自己穿好鞋子了，彼时的她们完全沉浸在画画、读书或者游戏中，听不到我说话，或者说她们只是选择充耳不闻。我提高嗓门重复一遍，然后回到厨房继续为她们准备午饭，同时担心能不能按时送她们去学校，于是忍不住朝她们大喊大叫，再次命令她们穿好鞋子。有好多次，她们已经在穿鞋子了，可我还是忍不住催促她们，所以她们也朝我嚷嚷起来。当然我又回击了过去："不要朝我喊！"短短几个来回，平静的早晨就演变成了一场毫无意义的尖叫比赛。现在回过头来想，若我能花两秒钟时间偷偷在角落观察一下，看看她们是否已经着手按照我的要求去做，也许就能避免这场大战了。

记住，只要与孩子的经历建立起联系，就能让你们的互动变得与众不同。为孩子们创造独自训练的时间和空间固然重要，但如果我们没有第一时间注意到孩子们的正念时刻，也就不太能经常这么做。要想更好地帮助孩子们，就需要与他们的经历相联系，换言之，我们需要花点时间留意他们想的是什么、感觉到了什么，或者正在做的又是什么。我们将注意力集中在孩子身上，用足够长的时间观察到底发生了什么，这也是我们对他们的行为进行考量和积极回应的最好机会。正如许多其他的正念练习一样，这听起来有些过于简单，事实也的确如此。可即便如此，在忙碌的一天中，我们的注意力已经分散在自己的想法和与孩子的互动上，很难再记住这一要领。

在生活中，我们难免会遇到下面这些问题——事实上，每天都有很多次——我们明明看到孩子们正在忙手头的事，可还是要唠叨他们穿好衣服、去洗手间、收拾玩具，或者做其他的事。花点时间沟通，听起来好像轻而易举，事实也确实如此，可我们大多数人忙碌了一天，却忽略了与孩子的沟通。只要我们放慢脚步，看看孩子们在做什么，想一想为什么这些事很重要，继而与他们达成共识，再要求他们继续做下一件事，就能更好地帮助彼此完成正念练习，互惠互利。

> **个人建议** 提出要求之前先做两次深呼吸

据我所知,大多数父母都曾在离开聚会、餐前或者入睡前,给孩子"再过两分钟"的缓冲时间。无论是从心理上还是生理上,事先予以提醒的确是个好主意,这给孩子提供了一个机会来完成他们正在做的事,同时也为接下来的事情做好准备工作。事实上,我们经常随意地给予提醒,从不去关心他们正在做什么,继而导致这样的提醒并没有达到预期的效果。下一次,当我们准备给出提醒时,请先做两次有意识的深呼吸,让自己平静,花一分钟时间仔细观察孩子此刻的状态,同他达成共识之后,再告诉他接下来应该做什么。

保持好奇心

或许此刻,你正尝试了解孩子的经历来判断他当下的状态:也许他正专注于某件事,尽情地发挥创造力,充满了好奇心和同情心;或者只是安静地坐着,静静地玩一会儿。从此刻起,你可以采取以下三个策略:一旦意识到孩子们处于正念状态时,请你保持好奇心、展现同情心并保持安静,这些做法都是明智之举,也是回应孩子的有效方式。

我在此建议:父母应用心对待孩子。建立联系是第一步;这需要你留意并接受他当下所经历的任何事。其次,你要用好奇心(只在心里想也好,体现在同他的对话中也好)回应他。如果他饶有兴趣地同你讨论正在发生的事,那就用聆听和提问来响应他。但若他完全沉浸在自己的小世界里,那就静静地观察和思考吧,以免影响他此刻的感受。

一般来说,我鼓励你问一些开放式的问题,以此引出他们创造性的回答,而不仅仅是回答是或不是。年纪小一些的孩子可能会从更具体的问题中受益,比如"你在用这些积木搭什么呢?"年纪稍大一些的孩子,则会从更加笼统的问题中得到启发,从而给出更有趣的答案,比如"你在忙些什么呢?"或者"你能多跟我讲一些吗?"等多样化的问题会带来更丰富多彩的答案。同理,无聊的问题大概率只能引出毫无生气的回答,这正是为什么"今天在学校怎么样?"诸如此类的问题,通常只能得到"很好"这样标准的回答——尤其当它被频繁问及,以至于变得毫无意义。

如果我们能花一分钟时间,来弄清楚自己真正好奇的是什么,那将更有可能向孩子们提出一系列有趣的问题。比如说,我实际上并不想知道孩子那天在学校做了什么(她玩了游戏,参加了活动,上了二十七次厕所,吃了一半的三明治……大部分事情都提不起我的兴趣)。我想知道的是她经历了什么新奇的、有挑战性的、有趣的事情,甚至是一点也不好玩儿的事情。我想知道她在什么情况下会与朋友友好相处,又是如何被朋友对待的,或者发生了什么让她感到害怕或兴奋的事情。如果这些正是我想知道的,那么接下来,我就需要找到合适的提问方式切入话题。

所以,下次再对孩子的事情感到好奇时,请用一种有意思的方式向他展现你的兴趣。若是你的脑袋混沌一片,或已累到无法问他有趣的问题，这都无妨。你只要安静下来，仔细聆听，就这么简单。最终他会主动与你分享一些有趣的事情，当然你也可以问他一些有趣的问题。

> **个人建议　不要问为什么**

如前文所述，"为什么？"这个问题在我家司空见惯。不仅我的小宝贝们会发出此疑问，人们也常常忍不住想问为什么，似乎找到这个问题的答案就能解开所有谜团一样。尤其是在孩子们经历了困境之后，对他们来说，"为什么？"可能是一个极具挑战性的问题，现实情况通常是，孩子们（甚至成年人）都没有一个明确的答案——我们并非总能解释清楚自己的行为，尤其是我们当时没有注意这一点。与其问为什么，不如尝试去问下面这些问题：

- "发生了什么事？"
- "你做了什么？"
- "你是如何回应的？"
- "你对此有何感觉？"
- "你对所发生的事有何看法？"
- "你注意到身体的变化了吗？"
- "你对已发生的事有何惊讶之处？"
- "你认为怎样做效果比较好？"
- "你认为怎样做效果甚微？"
- "为什么下次你还想这么做？"

- "为什么下次你不想那么做了？"
- "你需要我做些什么？"
- "我能帮上什么忙？"

问出这些问题时，请注意自己是否在期待一个特定答案。如果是，那孩子可能会察觉到你的期望，要么迎合你，给出你想要的答案，好让自己不再被打扰；要么完全不理会你。可如果你能放下期待，发自内心地好奇孩子的经历，你将获得一次与他更有意义、更加真诚的互动。请记住，真诚的好奇是可以大声说出来的，当然也可以隐藏在你的安静里。

展现同情心

同情心这个概念听起来很严肃，好像专属于佛家僧侣或特蕾莎修女的世界，需要纯洁的心和伟大的智慧来践行。事实上，它没有那么玄乎，我们不必做一个圣人来定期进行同情心练习，或是体验它的功效。我们只需记住——我们与孩子们同在。我的意思是，在意孩子们当下承受的苦楚或所做的挣扎，给予他们关心、温暖和爱，哪怕是更多耐心也好。这并不是说，同情总那么容易就做到。在我有孩子之前，我以为心爱的小宝贝只会激发我源源不断的快乐和积极的想法，除此之外别无其他。可现在发现，这并不是它的全貌。

任何为人父母超过两天的人都会告诉你，养育孩子是一件多么令人疲惫、抓狂、无聊透顶的事情。有时，我们甚至很难找到一种方式来表达自己对孩子的爱意和善意，即便我们是如此深爱着他们。尤其当孩子们处于糟糕状态时，这是再真实不过的情况。我确信，当我的小宝贝们很伤心、很生气时，我的本能反应是寻找一种方法，要么让她们感觉更好，要么先让她们离开一会儿，直到她们自我恢复，这样我就不必再安抚她们了。可问题是，我有着功能完备的前额叶皮层，对于处理不愉快的情绪也有着丰富的经历，反观她们还那么小，大脑尚未发育完全，还在绞尽脑汁想办法。可见，她们是真的需要我的帮助。

当孩子处于某个时刻——无论是正念时刻还是困难时刻——父母们最有用和最富同情心的做法，便是善待他们。诚然，有许多方法都可以实现这一点，比如：你可以长时间安静地坐在他们身边，陪伴着他们；也许孩子想依偎着、蜷缩在一个舒适的地方，身边放着他最喜欢的玩具或毛毯；也许他想听你讲述你的故事，不论是你曾犯过的严重错误、被朋友伤害过，还是失去了爱宠……这样他就不会再感到孤独。也许他需要你提醒他，不管这个世界多么混乱、可怕或失控，你始终在他身边，与他同呼吸、共命运。

这里有一点要注意：同情心不等同于赞美，它自带一种同舟共济的意味。慈悲的善意是："我理解你当下的经历，我与你感同身受，不管那是什么，都没关系。"有时它也是："我不知道你在想什么、你要做什么，但我很有兴趣想了解更多，而且也愿意一直陪伴着你，直到弄清楚为止。"有时，同情心可以像"无论如何，我都爱你"这样简单。从根本上说，同情心就是怀抱善良和好奇心，与孩子的经历紧密连接。而赞美完全是另外一回事，它是在判断孩子做得好与不好。这就使事情完全改变了性质：本来应该是专注于同孩子们建立联系，现在转变为评价他们。不论是对孩子，还是对你自己，即使是在夸奖他，也极有可能因此制造了焦虑。这与你在这些时刻努力培养和展示的接受态度相背离。请不要误解我的意思，有时我们的确需要给予孩子们积极的反馈，但这显然应与"判断"划清界限。

> **个人建议　给予一份宁静的爱**

有时候，对孩子抱有同情心并不容易。也许他真的很烦人，也许对你来说那天本就很辛苦，也许那天你精疲力竭、无比沮丧、悲伤不已，或者怒气冲冲……这都有可能发生在我们每个人身上。当这种情况发生时，试着给予他们一份安静的爱，就像第2章中的慈爱练习所描述的那样。你可以默默地重复一些短语，比如祝你幸福，祝你感受到爱。如果那些特定的话对你毫无起色，请随意选择其他适合你的短语。这里的目的不是让孩子察觉到你在想什么，而是让你的头脑思维更清晰，心灵空间更广阔。也许在某个确切的时刻，它没有起到作用，但随着时间的推移，总会彰显成效。

保持内心的安静

此前我已说过，但现在仍要重申一遍。有时，我们在帮助孩子寻找他们的内在禅师时，那一刻我们能提供的最大帮助就是注意保持内心的安静。就像正念本身，看似是简单的练习，实际上绝非易事。事实上，我们大多数人都不习惯于安静地度过这一生，当然，这甚至不是经典书籍所推荐的。从孩子出生的那一刻起，我们就不断地同他们谈天说地、阅读绘本、欢唱童谣，在他们面前讲述我们的生活，好让他们能尽快地咿呀学语。同孩子们说些话，为他们读些书固然重要，但我们也需要为他们提供些许安静的时刻来保持平衡。此刻只需与孩子们待在一起，无论他们是正处于平静、专注的状态，还是焦躁不安、沮丧无助的状态，我们无须多言，只需陪伴在侧就能收获极佳的效果。

安静的陪伴也可以表达你的支持和爱意，且没有丝毫的干扰性。有时这恰是你能提供的最好帮助。如果你发现自己忍不住想唠叨、发表建议、提出批评或鼓励，那么最好先做做深呼吸，或者去另外一个房间，又或者单脚站立，总之做一些能让自己安静下来的事情。我保证，这不是糟糕的育儿方式。相反，这种冷静、持久的状态，有时正是孩子们所需要的，这样他们就可以在那一刻继续专注于手头上重要的事情。

个人建议　记住这句"咒语"

如果你同我一样很难保持安静，可以试试我曾用过的方法。当注意到自己有一种想说话、提出建议或鼓励孩子的冲动时，我会努力记住曾经听过的一句话，此话被认为是甘地[1]说的："除非你能帮助孩子解决目前的问题，否则不要随便开口讲话。"这句话像咒语一样萦绕在我的脑海中，时刻提醒着我应真正注意到孩子和自己正在经历什么，并弄清楚我的话是否真的能改变当前的困境。实际上，说太多话确实毫无用处。当你希望保持安静或不愿交谈时，可以灵活使用本书所提到的方法，或者想一些你的专属词语作为咒语。

你现在可能已经意识到，做正念练习并不简单，将其传授给孩子们也绝非易事。但庆幸的是，我们不是在教新手如何进行正念练习。孩子们初降人世，便有一种惊人的能力，可以完全沉浸于当下，对周围和内心所发生的事情兴致勃勃，同时，对他人抱有强烈的同情心和关爱。我们认识到孩子可以成为自己的小禅师，并以此为荣，这是帮助孩子提高正念技能的首要步骤，同时也是最重要的步骤。毕竟，在原有技能的基础上更进一步发展，要比摧毁后重建容易得多。在此基础上，我们可以在家里为孩子们创造空间，必要时予以提醒，尽可能地支持他们形成正念意识。那么该如何做到这一点呢？我将在第 4 章中展开详细讨论。

---

[1] 指莫罕达斯·卡拉姆昌德·甘地（Mohandas Karamchand Gandhi），尊称"圣雄甘地"，把印度教与基督教、伊斯兰教的仁爱思想结合，又吸收了梭伦等人的思想，逐渐形成了非暴力不合作的理论。他亦被称为"印度国父"，于 1948 年 1 月 30 日遭印度教顽固派刺杀身亡。——编者注

第 4 章

留出时间做正念练习

正如第 3 章所讨论的，孩子们完全有能力专注当下，沉浸于游戏、故事、绘画、玩具火车、运动和书籍中，他们对周围的世界充满好奇，展示善意的方式也总是出其不意。无论我们做什么，都不影响他们上述行为的发生。随着个人经历及责任的与日俱增，诸如日程安排、家庭作业、社会实践、日常杂务、友谊交际等，最终使他们囿于来自未来或过去的种种困扰，产生后悔、担忧与恐惧等成年人的负面情绪。作为父母，我们的责任不是保护孩子们免受现实的影响，或是替他们解决问题，而是教会他们如何利用有效的正念来应对这一切。

首先，我们应该为孩子创造更多享受当下的机会，并努力帮助他们保持专注的状态。具体来说，可以划定特定的时间和专属的空间来实现这一点，以便在他们需要时，可以顺利进入正念状态。由此,他们将获得精神、情感以及身体上的宁静、平和,聆听内心的声音。本章将探讨实现这一目标的具体步骤。

为正念练习创造时间和空间

主要有三种方法可为孩子们创造他们所需的专属时间和空间:在日常生活中放慢自己的脚步,以更好地回应孩子们的正念时刻;为他们留出充足的自由时间;在家中设置专门用于放松的空间。接下来将详细探讨每种方法的具体步骤,并介绍如何打造一个专属空间,使孩子们能够更好地处理杂乱的思绪或强烈的情绪,从中受益。

放慢脚步

理论上讲,不管身处何时何地,也不管此刻正在做什么,孩子们都能将注意力集中于当下。事实上,他们很难一直保持这种状态。大脑总在飞速运转,要做的事情太多太多,多到享受当下这样的事,也总被轻易遗忘。然而,只要在日常生活中融入一些正念时刻,情况就会有所不同。请试着对生活按下暂停键,一起深呼吸,欣赏日落余晖、鸟语花香;或是让孩子们学着自己系鞋带和安全带或拼写单词……这些行为都能让他们获得平静的内心、开阔的视野、独立的意识,从而自信满满地度过每一天。

只有当我们意识到这一点有多么重要时,才能在催促孩子与给予他们建议之间找到平衡点，哪怕只有片刻而已。抓住正念时刻并非易事，所以提前规划和设置提醒很有必要。至于规划，可以设置一个提前几分钟的闹钟，好让自己从容应对，并进入下一个状态。或者养成在出门前、电话铃响或坐下吃饭时，和孩子一起做三次正念呼吸的习惯。日常生活中的每件小事，都可以触发正念意识的短暂觉醒，无论何时，你都可以选择放慢脚步。其中的诀窍就是将上述行为慢慢变为习惯。

如同本书中提到的大多数活动一样，如果你能和孩子聊聊你心中所想，以及其重要性，那么你所追求的"放慢脚步"的方法就会更加有效。在这个过程中，你可以就如何获得安静时刻向孩子们征求意见和建议，比如：他想早起几分钟吗？晚餐前说些祝福或感激的话如何？放学回家后可以跟他拥抱五分钟吗？或是可以一同练习五分钟的呼吸冥想吗？孩子们也许会有其他好想法，多给他们一些自主权，以便他们更容易记得"放慢脚步"这件事，说不定还能帮你记得更牢。

个人建议 慢走游戏 --

作为父母，我们似乎总在催孩子快一点，再快一点。因为我们得赶时间，继而也影响了孩子。若你下次发现其实还是有一些空余的时间，那就尝试玩一玩慢走游戏吧。选择一个目的地，看谁最慢到达那里。唯一的规则是大家必须始终保持移动的状态，不能停下来。游戏结束后，也许你想和孩子一起探索：什么是慢节奏的移动？感觉如何？和他以往急匆匆地赶往目的地有何区别？

留出自由时间探索正念

毫不夸张地说，即便没有人指导孩子们该怎么做，只是告知其那些看起来有着枯燥无聊的游戏规则的玩耍和探索行为，也毫不影响他们从中受益。孩子们需要时间来培养创造力，了解自己的所思所想，锻炼独立解决问题的能力。对大多数孩子来说，这些活动都以游戏的形式呈现，但不管是哪种形式（写日记、发呆或听音乐），它们都是正念练习的重要内容。理想状态是，我们最好每天能找一大段时间，让他们自行探索正念，但有时这些时刻会转瞬即逝，实现它绝非易事。然而，若你发现孩子们的课外活动已经占据了大部分的固定时间，我强烈建议你放弃某些练习或辅导。留出一些自由时间还给孩子们，通常来说也是有效的，就像你为其他课程或约会所做的那样，这样也就不必忧思过虑或为它提前计划了，而且孩子们也会对它心怀憧憬。

个人建议 自由玩耍

自由玩耍，其本质上和对孩子说"去一边儿，自己玩去"是一样的，不同表达的方式决定了其结果的不同。把零零散散的时间交给孩子自由玩耍，便是给了孩子自主选择的权利，这恰恰是孩子们所渴望的。如果孩子暂时难以接受这个游戏模式,那你可以先陪他坐下来,一起玩乐高积木,或共读一本书,或是同绘一幅画,一旦他进入正念状态,请记得悄无声息地离开。

在我们为孩子的日常生活增加了更多的自由时间后,你可能会注意到他其实并不知道该如何与自己相处。若他此前的生活被安排得满满当当,这种情况出现的可能性反而会更大。他可能会漫无目的地闲逛,抱怨生活的无聊,沮丧情绪挥之不去……这些反应其实很正常,一切都会慢慢好起来,毕竟他们正在打破常规,建立新的秩序。不过,这些情况的出现也可能跟孩子所处的物理空间有关。无论孩子还是大人,都需要一个安静的环境才能冷静下来,并重新集中注意力。

为孩子打造正念练习的环境

我在不同的地方参加过冥想静修。无一例外,冥想厅和冥想室都是如此干净整洁,仅有零星装饰,建筑四周环绕着广阔而茂盛的田野与树林。这样的设计与选址并非巧合,它有助于静修参与者保持冷静和专注。非必要的装饰、杂乱的堆积物,以及大量的视觉刺激物会分散注意力、诱发压力;让人们感到困顿,不知所措,从而难以进入平静、集中的状态。若孩子们处于困境中,这样的结果绝不是我们想要的。

可现实是,大多数人并非住在禅寺或者静修中心。如果同我家一样,你家也四处散落着杂乱的盘子、脏衣服、孩子的画作、各种书册、乐高积木、玩具汽车和仙女摆件等，想必你和孩子也时常找不到一些重要的东西，比如车钥匙或者孩子最喜欢的那件芭比娃娃的衣服。这些堆积的杂乱事物，让孩子们难以挑选、找到自己想玩的玩具；也使他们无法保持冷静和专注的状态。庆幸的是，你无须为了做正念练习而把家里变成一座禅寺，不过的确需要对家庭环境进行一些必要的整理和改造。这里提供了几种选择方案，请你花些时间考虑一下，哪些与你的家庭文化和装修风格更加契合。

断舍离

　　这是一个大工程，也是极重要的一步。从某种程度上说，只要经过断舍离，我们就能把更多的心思放在真正重要的事情上：抱以善意和好奇心体会当下时刻。本书提供了多种整理方法（详见本书资源库）。请记住，整理房屋分为两步：首先，扔掉用不到的物品；其次，仅置办一些必需品，以免再把房子弄得乱糟糟。这势必会影响你正常的消费开支，所谓万事开头难，但值得一做。

　　因为本书旨在帮助孩子们保持冷静和专注，所以整理的第一步，可以先从他们的玩具开始。玩具一多，孩子们的注意力就会分散，无论是哪个玩具埋在了玩具堆下，都会影响他们玩耍的心情。另外，太多的玩具使得他们根本没有机会与无聊打交道，这也是每个孩子重复经历的重要体验。忍受无聊的能力，可以帮助孩子们认识到自我情绪和内心所想，进而有意识地将其处理好。正如排过长队、容忍过医生迟到的人告诉你的那样，忍受无聊是生活中一项必不可少的技能，经此一役后，自己的创造力、智力和韧性，也能随之得到提高。

如果孩子年纪稍小，那你可以先按自己的意愿替他整理玩具（实际上，我非常建议你这样做，否则什么东西也扔不掉），不过一定不要扔掉他真正心爱的东西。等孩子逐渐长大一些，再让他参与到这个过程中，并告之你这么做的理由。同时，让他知晓你也在整理自己的物品（而不仅仅是丢了他的玩具），这样他会更容易接受这种做法。

《简单育儿法》(Simplicity Parenting)的作者金·约翰·佩恩和丽莎·罗斯提出了一些建设性的建议，可以帮你决定该扔掉哪些玩具：

· 破损的玩具或缺少重要部件的玩具。
· 多个种类相同，一至两个就足够的玩具。
· 不适合孩子身心发展的玩具（对孩子来说过于幼稚的玩具）。
· 功能过多或容易损坏的玩具。
· 高刺激性玩具（例如，有刺眼灯光和刺耳声音的玩具）。
· 容易引发愤怒情绪或激起攻击性的玩具（这种玩具务必扔掉）。
· 有危险性的玩具（枪、剑等）。

如果你不确定是否要保留某件物品，或者在扔掉哪个物品上与你的孩子发生了分歧，那就把它放进一个盒子里，再把盒子放到地下室或阁楼。如果你们都忘了这回事，这就说明它的确应该被清理掉。记得在盒子上写上日期，这样就能知道你们已经有多久没有用过它了。

仔细挑选玩具

扔掉那些无用的玩具,也就完成了为孩子打造更有意识的玩耍空间的第一步。接下来就要挑选一些有用的玩具,即那些能够帮助孩子们训练某些能力(比如注意力、专注力和创造力)的玩具。佩恩和罗斯根据不同孩子的年龄和兴趣,列出了一些可供选择的玩具:

·积木,如木制积木、磁力/磁力片积木、火车或赛车轨道套装玩具。

·乐高积木或拼装玩具。

·玩具车和卡车、洋娃娃、玩具屋。

·小动物或人物雕像(最好不要有说明书,因为没有先入为主的故事介绍,孩子们会更容易发挥其创造性)。

·装扮礼服和布料。

·拼图、多米诺骨牌、各类纸牌和棋盘。

·不同尺寸的空纸箱或鞋盒。

·工艺用品,包括白纸和彩纸、记号笔、蜡笔、胶水、剪刀、胶带、纱线、亮片、串珠、纽扣和黏土。

·手工纸和折纸指南。

·书籍和期刊。

·带有迷宫、填字游戏、逻辑游戏等内容的练习册。

如果家里没有可以做手工的地方,那就在桌子上铺一块防污桌布吧。我家的餐桌上就一直铺着,无论是马克笔画出的痕迹,还是玩剩下的黏土,都能轻松地清理干净。当然了,在这样的桌布上玩棋类游戏、纸牌游戏、拼图游戏或其他游戏也都可以。

最后,孩子们也需要一些户外时间。我所认识的多数父母都担心是否有"足够好"的户外空间让孩子们肆意玩耍。其实,只要确保户外环境是安全的就好了。球类、铲子和水桶都是便宜又实用的玩具,不过你应该会惊讶于孩子们对泥土、树枝和石头的喜爱程度。新鲜的空气和舒展的空间,足以让孩子们专心玩耍几个小时。

利用"视觉提醒"享受当下

为了打造一个更利于正念的空间,可以将精心挑选的照片和艺术品摆在家中的合适位置。此外,孩子们制作的小便利贴、图画或清单,也可加入其中。这些视觉提醒会在不经意间提示家人记得深呼吸,留意当下正在发生的事,而不加以评判或希望它有所不同,从而做出更好的选择。你可以选择对自己有意义的视觉提醒,等到孩子年龄稍长,理解了此举的目的之后,再征求他的建议。记住,你越是记得做深呼吸,慢慢走,专注于一件事,孩子们就越有可能做相同的事情。以下提供几种可做视觉提醒的物品供你参考:

- 有特殊含义或接地气的照片或画作。
- 宗教作品、神性艺术品或肖像。
- 亲人的照片或是记录着特殊时刻的家庭合照。
- 注有"呼吸"或"停止"字样的艺术作品、图画或便便笺（有关"停止行动"的练习，请参见第1章）。

·若孩子需要听觉提示来帮助他恢复平静，那就让他敲一敲正念铃（正念铃可以等他年纪稍大些，能正确使用时再给他；否则，持续的撞击声和铃声，可能会产生与你的期望相反的效果）。

·绿植或花卉（鲜花、干花甚至是塑料花，也能产生很好的效果）。

·充满大自然气息的中心装饰品（用孩子在外面找到的物品进行装饰，如石头、花朵、羽毛、松果和树叶，将其放到厨房或餐桌上，让它时刻提醒你放慢脚步，感受季节的更替）。

·挂在孩子床头上方墙上的捕梦网。

·收集梦的梦想罐（详见个人建议）。

·感激罐，旁边放置一小篮纸和铅笔（详见个人建议）。

个人建议 做一个梦想罐或感激罐

在五颜六色的纸条上写下心中想做的事，比如玩彩色的大气球、在田野里采花、绕跑道跑步、边看最爱的电影边吃爆米花、吃一个超级大的桃子派，想到什么就写什么，然后把它们放进空罐子。每晚睡觉前，都可以让孩子写下一个如此可爱的想法，或是一个梦想，让他可以带着沉思进入梦乡。

同样，你还可以为孩子制作一个感激罐，或者给家里每个人都准备一个。每当家人之间想要表达感谢或感激之情时，就可以写在纸条上，再将纸条放进感激罐里，这是培养善念和增进彼此感情的绝佳方式。可以每周写一次，也可以每月写一次，家里人都可以读一读罐子里的纸条。

在孩子们不知所措时，给他们一些提示，这将帮助他们知道此刻应做些什么。你们可以一起列一份活动清单，每当孩子们深陷负面情绪，比如愤怒、悲伤或者担忧之中，就可以尝试做一做清单上的事情。根据他的喜好，写下像是绘画或练字这类项目；也可以是跳舞、素描、户外跑步、做深呼吸、阅读、听音乐、依偎或舒展身体等。只要是对你和孩子有用的事情，就都可以做（当然，不能有暴力性或攻击性）。最后，请把这份清单贴到冰箱上，或是孩子目之所及的地方。

> **个人建议　走到户外，走进内心**

许多关于正念育儿的书籍和文章，都提到了应该花些时间到户外去走一走。虽然院子和公园中仅有的那点禅意是由我们带去的，但孩子们在户外玩耍时，往往表现得更加平静、快乐、专注。海滩度假或美丽的景色是极好的。只要是在户外，孩子们就能肆意地舒展身体、做深呼吸，或只是静静坐着。去户外走一走吧，这样孩子们才更有可能从所处困境中重获一点空间，并再次回归当下。

打造用于冷静的角落

除了在家中打造一个更利于正念的环境外,或许你还想打造一个特别的冷静角落。它可以是一个小房间,也可以是房间的一角、一把舒适的小椅子,或是一顶室内儿童帐篷。这样做旨在打造一个有利于平心静气、获得专注体验,特别是能够提示孩子应保持安静和专注的空间。让孩子多多参与此空间的设计过程,让其选择决定并摆放物品。毕竟你也希望这里的装饰能够吸引他、勾起他的兴趣,并能帮他保持冷静。以下是一些需要考虑的其他事项。

· 你可以为此空间设定一个冷静的主题,当然,不这样做也可以。我有一位朋友,她将此空间称为"冷静角落",在里面放了几本介绍南极洲的书,还有几只毛茸茸的北极熊玩偶和企鹅玩偶。另一位朋友则准备了一把"太空椅"。她跟儿子剪了一些星星和行星的装饰物,挂在房顶上,还布置一些不同太空主题的玩具和书,其中自然包括孩子最喜欢的外星人玩偶。

· 选择一些孩子喜欢的玩具,或他们可以独立完成的活动(详见下文中的个人建议)。与孩子一同选择适合他年龄段或发展水平的物品。

· 不要在冷静角落里放置太多东西。不管家里其他地方有多乱,此区域只应该放置几样物品。东西太多反而让孩子难以集中精力,也难以决定自己到底想要做什么。比起那些新鲜的、有挑战性的物品,选择一些能让孩子感到熟悉且舒适的物品或许更好。不需要花太多钱，仔细寻找一下，也许在家里就有你所需要的东西，或者也可以亲手制作。

·除了装有引导冥想步骤的 MP3 或 CD 播放器之外，不要在冷静角落放置手机、平板电脑或电子玩具。这并不是说孩子们不能再看电视节目，而是说这个区域不适合使用电子设备。

·冷静角落不是一个让孩子受惩罚的地方，不要强迫孩子进入此区域。如果你用了"坐一会儿"的方式惩罚孩子，他们可以选择去冷静角落坐一会儿，前提是他是自愿的。若你希望孩子对冷静角落有积极的联想，就不要把它营造成监狱的环境，这并不利于正念练习。

冷静角落是一个神圣的空间，在这里不允许大喊大叫、唠叨、争吵、讨论、质疑和谈判。此处也不是用来解决问题或一遍又一遍地讨论问题的，而是用来放松、感受呼吸、做些安静和舒缓的活动，仅此而已。我相信，一旦进入此空间，你与孩子就会获得满满的安全感。

在冷静角落放置什么东西

以下列出的玩具和物品可供你和孩子参考。也许你会发现他对某几件物品始终感兴趣，那就轮换着摆放这些物品吧，也许有用呢。但请记住，设置冷静角落的目的不是给孩子感官刺激，而是要让他冷静下来，所以不要认为每周都应添加新物品。

注意：下列物品中，有些可能会引发混乱或发出噪声，使你压力倍增，请不要使用它们。

感官玩具和物品：

· 豆袋椅或压力球。

· 黏土或雕塑土。

· 弹性黏土。

· 乳液。

· 光滑的石头，能在上面写下安抚性的词语，如"呼吸"或"平静"。

· 带沙子和小耙子的小型禅修花园盘。

· 柔软的毯子或枕头。

· 最喜爱的毛绒玩具。

听觉玩具和物品：

· 雨棒[1]。

· 装有舒缓的、用于冥想的音乐的 MP3 或 CD 播放器（可优先选择不带屏幕的播放器）。

· 正念铃或修行钵。

视觉玩具和物品：

· 万花筒。

· 闪光棒、雪花玻璃球或闪光罐（可以在网上找到它的制作方法）。

---

1 雨棒（Rain Stick）是南美智利人拜神的乐器，用干枯的仙人掌植物茎干制成。——编者注

・手电筒。

・小型电池供电的许愿蜡烛。

・放大镜。

・孩子喜欢的墙上装饰品或小雕塑。

・最喜爱的绘本或故事书（与正念相关与否都可以）。

嗅觉玩具和物品：

・用清香的大米或豆类填充的枕头（如果孩子更喜欢温暖或凉爽的感觉，可用微波炉或冰箱处理一下）。

・有香味的马克笔。

・可刮擦、闻嗅的贴纸。

・有香味的乳液。

呼吸玩具和物品：

・纸风车。

・吹泡泡水。

・呼吸伙伴（小小的毛绒玩具，孩子可以把它放到自己的肚子上，用呼吸节奏哄它入睡）。

・用来辅助呼吸的霍伯曼球[1]；孩子可以一边把球体展开一

1　霍伯曼球是由美国建筑师和发明家查克·霍伯曼在1990年设计的，最初是作为一种可变形的建筑结构。它是由六十个正方形组成的一个立方体，每个正方形都有四个剪刀状的连接点，可以让正方形在保持边长不变的情况下，改变自身的角度和形状。当我们将立方体的两个对角线轻轻一拉，立方体就会变成一个正八面体，体积也增加了三倍之多。——编者注

边吸气，或者一边把球体收起一边呼气。
- 瑜伽提示工具（可以是书籍、海报，或带有不同瑜伽姿势的卡片）。

培养感知能力和同情心的玩具和物品：
- 表达不同情感的墙贴。
- 关于不同情感和经历的书籍。
- 装有好友和家人照片的小相册。
- 用于记录情感的纸和马克笔。
- 面部表情不同的毛绒玩具，可以帮助孩子认清自身情感。
- 最喜欢的毛绒玩具。

如果家里没有足够的空间作为冷静角落（甚至连一把冷静椅子也放不下了），你还有另一个选择，那就是为孩子制作一个呼吸盒子或呼吸袋，在里面装入能够安抚他们的物品，前面提到的小玩具或物品都可以放进去。

> **个人建议　制作一个呼吸盒子**
>
> 找一个鞋盒或带盖的小盒子，在里面装满可以让孩子们冷静下来的玩具或物品（或者可以准备一个呼吸袋，比如带拉链的小布袋，方便在校时或旅行途中使用）。如果是年纪稍大一点的孩子，他会明白你在做什么，那就邀请他加入这一项工作。呼吸盒里可以放入几块带有安慰性词语的光滑石头，

一个笔记本和几支钢笔、马克笔,一支闪光棒(这些东西可以是钥匙扣大小),或一个MP3播放器和一副耳机。在孩子的房间或背包里找一个专门的地方来放置盒子,如此一来,在他需要时便能轻松找到。

本章提供了多种方法,旨在帮助你为日常生活和家庭环境创造更多的正念时间与空间。也许看完本章内容后,你会临时想要取消孩子的所有活动,扔掉大半东西,甚至重新布置整个房子,但请不要这么做。先花几天时间仔细观察一下,看看你的日程安排,留心一下那些孩子最疲惫或你自己最忙碌的日子。在那些日子里,你真的没有一点儿可以灵活支配的时间吗?你能否取消某个活动,或拒绝参加某项会议呢?

同样的,花几分钟时间四处看看家里的情况。厨房台面、角落还有储物箱,是不是堆满了废纸、未完成的艺术作品、皱巴巴的家庭作业或玩具棋盘的零件?它们是否影响了家人保持稳定的情绪和专注力?如果影响到了,就应该清理它们;如果没有影响,那就随它吧。

最后,仔细想想家里是否已经有如文中这样可以让孩子专心呼吸、心情放松的空间,如果有的话,那就太好了。接下来你们就可以一起挑选一些上述提到的物品,将它们添置进来。

此处的目标不是要你制订一个完美的日程表,也不是非要你住在一栋过于整洁的房子里,而是要明确是什么因素影响了你和你的家人；在何种情况下，你和孩子可以容忍些许混乱；何时你真正需要放慢节奏，安排一些自由时间；或在家中创造一些有利于正念的空间。理清这些头绪后，你才能与孩子交流自己正在做出的改变，以及为何要做出这些改变，这也引出了下一章的主题——和孩子聊聊正念。

第 5 章

和孩子聊聊正念

我女儿身体不舒服的时候，就会同我抱怨。有时是因为肚子疼，有时是因为腿疼，还有时是因为耳朵突突地跳。大部分时间，我无法感同身受，也不能为她减轻痛苦，只能紧紧地抱着她，安慰她说这种状况不会持续太久。比如我会说："妈妈知道你现在肚子很疼，妈妈也很难过。但我向你保证，很快就会好起来的。你想让妈妈做点什么呢？"自从我开始做正念练习以后，我对女儿的态度就发生了变化。我之前一心想着为她减轻疼痛，若是不奏效，我就会感到无比沮丧。可是现在，我学会了与她共情，尽力帮助她。同时我也会提醒我俩，无论是美好的时刻还是痛苦的时刻，终会有结束之时。稍稍转移一下注意力，告诉自己这只是短暂的一瞬，即便是这种微小的转变，也会令我们更加享受愉快的时刻，也能更好地应对困难。

上述例子表明，我们可以通过言语来帮助孩子培养正念意识。本书中的许多活动都需要你亲身体验才知其中奥妙，若想从正念中受益，仅靠纸上谈兵是不行的。话虽如此，言语的作用却不容忽视。我们谈论正念的方式，可能会改变我们对它的认知，进而影响我们的生活。本章将探讨一系列想法、比喻和其他使用言语的方法，帮助你引导孩子保持专注，将正念时刻融入他们的日常生活中。首先，要再次明确正念的基本定义：专注当下的一切，心怀善意，保持好奇心，从而做出明智的决定。你需要告诉孩子，正念包括四个重要理念，即保持专注力、无处不在、与人为善和自我选择。本章将从这四个理念深入探讨，并阐释其他几个重要概念。

注意力

人们很容易注意到新奇有趣之事。可对孩子们来说，除非的确是奇思妙想，或者不小心骨折了，否则他们很难注意到大脑或身体正在经历什么。直到一切变得不堪重负，他们不得不来面对种种状况。当这种情况发生时，孩子们往往会通过语言或行动发泄出来，可这些行为不仅毫无作用，甚至会使情况变得更糟。因此最好的做法就是先帮孩子冷静下来，然后与他们谈论到底发生了什么。幸运的是，我们可以教导孩子留意自己身体和心理上的变化，好让他们可以提前同我们讲讲自己的经历，向我们寻求帮助。也可以与他们一起做些正念练习，例如第6章会提到的呼吸或聆听，或者在他们冷静的时候谈心。以下方法可以帮孩子们更好地留意自己的身心状况。

和孩子聊聊你心中所想

坦言心中所想非常重要，但我们大多数人都忽略了这点。在此，我建议你同孩子谈谈你自己的经历。例如，只要我感到沮丧时，就走进厨房，把手放在台面上，做几次深呼吸。如果不跟孩子谈谈我内心的感受和我所做的事情，她们只知道妈妈有时会走到另外一个房间去，然后待一会儿再出来，除此之外什么也没有学到。可是，如果我告诉她们，我有这样的行为是因为我注意到自己的肩膀收紧、脸颊变红、控制不住想大喊大叫，而这些表现都是在提醒我需要停下手头上的事，做几次深呼吸。那么她们很可能会慢慢理解这样做的意义所在，学着关注自己身体上的变化，从而做出更好的选择。

关注孩子内心的想法

有些时候，孩子们很擅长描述自己情感或身体上的感受。经历漫长的一天后，孩子抱怨连连，父母疲惫不堪，用心聆听彼此内心的声音变成了奢望。所以，可以尝试建立一个通用的回应方式，试试同他们确认一下正在发生的事情，或者转移他们的注意力。无论如何，如果我们既能注意到他们所关注的事情，又能关注行为的本身，那么我们就能帮助孩子迈出正念的第一步。在此过程中，找到合适的措辞和风格同样很重要，或许你也可以这样说："你不但注意到了自己的悲伤情绪，还把这种感受告诉了我，我真的很开心，那你要不要再跟妈妈/爸爸多说一些呢？"

另一种回应方式就是留意孩子们的"即将发生"时刻，此概念由冥想教师约瑟夫·戈尔斯坦提出。此方法可帮孩子们意识到自己即将发脾气或口无遮拦的时刻，进而做出不同的选择。每当注意到孩子变得紧张、音量提高或满脸通红时，就适时地提醒他："你正处于'即将发生'的时刻。"这样也许能帮助他们做出更明智的选择。对孩子而言，接受这样的提醒并非易事，若是你能习惯性地大声说出自己的"即将发生"时刻（如：我感到下巴变得紧绷，肩膀开始收紧；我觉得我会喊出声来，必须去另外一个房间做几次深呼吸，冷静一下），可能会让孩子更愿意接纳你的建议。不久之后，他自己也会偶尔留意到这种"即将发生"时刻。对于所有的正念练习来说，关键是让这些时刻变得有征兆、有意识，帮他留意"即将发生"时刻身体出现的征兆，会是一个很好的开始。

帮助孩子表达内心的感受

孩子们对识别自身情绪、感觉，从而将其组织成语言的能力存在较大差异。许多孩子，尤其是年幼的孩子，很难清楚地表达出内心的所思所想。这也正是他们在感到难过、沮丧、饥饿或疲倦时，最终会以发脾气或对兄弟姐妹实施暴力的形式发泄出来的原因。他们明明感到自己小小的脑袋、小小的身躯正真实地经历些什么，但又无法探其究竟，不知该如何表达、如何应对。那么，我们可以帮助他们以一种更有技巧、更具效果的方式表达自己。特别是对于年幼的孩子来说，这一点非常重要。要让孩子将他们的经历用语言描述出来："你之所以会把食物扔掉，是因为我在喂妹妹吃饭，忽略了你，这就是嫉妒的感觉。"若我们以正念的方式引导他们，而不是对他们的行为加以评判或发火，时间一长，他们自然会开始留意、识别自己内在的感受，而不是立即采取行动。对于年纪稍大点的孩子来说，可以让他们谈谈自己的感受，或用绘画、写日记的方式表达自己的情感，也可以借用一首与他们有共鸣的歌曲来表达当下的思绪。

编造故事让孩子说出心中感受

描述自己的感受并不简单。那些情绪可能极其强烈，会令孩子们不知所措、困顿不堪，又不知该如何开口。也可能说出口后，会令他们感到尴尬、羞愧。又或者只是单纯地难以启齿，尤其是在他们心情郁结时。这种情况下，你可以考虑借助玩偶或手办，为它们编造一些与孩子们有类似经历的故事，引导他们更好地描述自己的感受。比方说，如果你给孩子讲述超人因为蝙蝠侠不和他玩耍而受伤的故事，他就能把超人的经历与自己的经历联系起来。此外，让孩子读一些能与自身经历产生共鸣的绘本，这也是帮他开口表述的不错的方式。先从故事情节比较简单的硬板书开始，再到复杂一些的章节书[1]。很多孩子都喜欢听父母的故事，同他们分享我

---

[1] 通常指针对 7~10 岁儿童的中级阅读故事书。在孩子不再阅读图画书后，就开始进入阅读章节书的阶段。——编者注

们曾经经历的痛苦、困惑或羞愧，以及我们内心的感受和身体的感知，这些都可以帮助孩子们更好地理解自己的经历，并主动与我们谈论它们。

转移大脑的注意力

大脑有两个区域负责感知和情绪控制：感觉功能区（即大脑边缘系统，位于头骨的底部）和认知功能区（即前额叶皮层，位于前额骨后）。有趣的是，这两个部分无法同时工作。若此刻，孩子困在大脑的感觉功能区，那就试着转移他的注意力，让他多看看蓝色物品、你的鼻子或者其他有趣的、舒缓的事情，这足以将他的注意力从感觉功能区转移到认知功能区。一旦孩子冷静下来，你便可以选择如何度过接下来的一天，或者花点时间聊聊发生的事情，这完全取决于他的年龄、情绪和周围环境等因素。

预测和复盘

此方法是我在同父母教练（也是一位母亲）丹雅·汉德尔斯曼的一次私人谈话中了解到的，可以使你和你的孩子有意识地感知每一次的经历。不管吃点心还是家庭旅行，在做每件事情之前，可先与孩子谈谈可能会发生的事情，等结束后再谈谈这次经历。也许谈论未来和过去，与活在当下的主张截然相反，但此处的不同在于，你是有意识地进行计划和回忆，而不是陷入漫无目的的沉思。

预测的目的是让孩子准备好集中注意力，帮助他消除现存的担忧、恐惧或不合理的预期,让他能专注于当下。而复盘过去,则是在教孩子有意识地回顾自己所做的选择,并思考其带来的结果。此外,复盘还有助于他看清希望、恐惧与实际发生的事情之间的区别,从而让他们理解思维会对现实产生有意义或无意义的影响。

记录:拍下脑海里的照片

如今,许多孩子习惯于面对镜头照相,其中一些还慢慢充当起了摄影师的角色。于是,我们常常把智能手机或相机交给他们,鼓励他们记录下某一个美好瞬间。可是,使用相机或手机很容易分散其注意力,使得专注力极强的人也无法做到专注于当下。所以,另一个极佳的方法就是鼓励孩子拍下脑海里的照片,让他专注于此刻发生的事情:他在留意什么?他想关注什么?他想留住什么画面,又想删除什么画面?

多问孩子是什么让他印象深刻?

询问孩子是什么让他印象深刻,与鼓励他描述心理图像有异曲同工之妙。只有多多尝试不同的方法,才能知道哪种最适合你的孩子。无论何时,你都可以问一问他从这个经历中记住了什么。问孩子,你不是在寻找特定的答案,也不是非得得到积极快乐的答案。注意到生活中更具挑战性或不愉快的时刻,而且能容忍它们,这样做才极具价值。试着问一问你的孩子他在这一天中记住了什么事情,然后安静地听他畅所欲言。

锻炼正念"肌肉"

许多孩子都喜欢舒展腰身、锻炼身体,每当他们进行正念练习时,都是在锻炼大脑中负责保持冷静、清晰思考和做出正确选择的区域。你可以提醒你的孩子,每当他们花时间观察自己的思维、感受和身体感觉,并怀着友善和接纳的态度回应这种体验时,就好比大脑刚在健身房里进行了锻炼一样。

将注意力集中在当下

除了帮助孩子关注他的体验外,你还可以帮助他有意识地将注意力集中在当下。这种练习能帮他在当下建立起稳定的基础,不再执着于担忧、恐惧和后悔等那些会分散他注意力、使他感到心烦的情绪。此外,随着孩子在当下的表现越来越好,他将更清晰、更准确地看待各种情况,这将有助于他做出最巧妙、最有效的回应。

上述提到的一些练习,可以引导孩子让意识重回当下。以下还有几种方法可供尝试。

关注三个事物的三个方面。如果你注意到孩子有些分心、不知所措或百无聊赖,此方法可以转变他的心境。具体来说,就是让他告诉你关于三个事物的三个方面。至于哪三个事物,由他说了算——可以是视觉上的、听觉上的,甚至是脑海中一闪而过的想法等。然后,让他讲出他所注意的三个方面:也许他会被一个弹力球吸引注意,进而可以感受它的质地,描述它的颜色,并说说它是怎样让自己想起了同样喜欢弹力球的表弟;也许他注意到自己的脚趾很疼,进而可以告诉你是哪个脚趾疼，疼痛感又蔓延到了哪个部位，是尖锐的刺痛还是钝痛；如果是脑海中的想法，请他告诉你那是什么，此想法让他感觉如何，与之而来的还有哪些其他想法。孩子们可以选择讲述一些愉快的、不愉快的或者无关紧要的事物，是否有趣都无妨。若是要讲出三个事物的三个方面，对他来说仍有些困难，可以尝试让他描述一个事物的三个方面，总之，只要能转变他的心境，我们就值得尝试。

描述五官感觉。 只要给孩子们一点刺激就能让他们重回当下时刻，这操作起来很简单。他们通过五官感觉——视觉、嗅觉、听觉、味觉和触觉，来描述当下专注的事物。如果孩子很难用语言描述出品尝到的味道或听到的声音，那也没有关系，重要的是他已经花了一些时间去体会。虽然我们总是忍不住评判孩子们的观察结果，希望他们能得出更加积极的、有趣的，或者更有见地的答案，但是请尽量摒弃这些想法吧，倾听并接受他所做的一切。

感受脚踩地板的感觉。 有时，孩子们只要与坚硬、柔软或毛茸茸的物体（无论是硬地板，还是柔软的泰迪熊）接触片刻，便能让他们重回当下。孩子们也喜欢谐音、押韵和叠字，所以不妨让孩子用手拍拍头顶，用脚趾碰碰玩具，用鼻子贴贴玫瑰。留意这几秒钟内身体的奇妙感觉，就足以帮助孩子们找到立足点，集中注意力。

不要被自己的思维左右

不要被我们的思维左右是保持活在当下的有效方式，这一点值得深入探讨。正念练习最大的好处就是，学会观察自己的思维、情绪和身体感受，而不被他人左右。通过这种练习，我们逐渐意识到思维并不代表现实，它们只是在一定程度上影响我们的体验而已。每一次我们都可以提醒孩子，面对脑海中一闪而过的想法，他总有选择如何应对的权利。就像处理雷达上的特定信号一样，它们值得认真对待吗？是否远离屏幕，发出"哔哔"的警告声会更好呢？以下建议可让你帮助孩子们远离他们内心那只喋喋不休的"猴子"。

看看穿梭的车流。"不要被思维左右"，这个概念相当抽象，所以使用比喻来介绍这个概念不失为一个好方法。例如，如果将思维比作汽车，那我们便可以选择搭乘它去城里兜风，也可以选择视而不见；如果你的孩子喜欢跳舞，你便可以用舞步来比喻它，同他探讨哪些想法值得搬上舞台、哪些想法不切实际；思维还像是一支经过的游行队伍，他可以在旁观看；思维也像是一条传送带或一辆过山车，他可以选择搭乘，也可以放任自由。此建议的目的是帮你选出一个恰当的比喻，好让孩子承认我们的思维是不断运动的——无论我们喜不喜欢，它们都在源源不断地涌现。此举并不是要告诉孩子他无法控制思维，而是要帮助他做出是否加入思维混战的决断。

谁在思考那个问题？问出这个问题，可以帮助孩子将他脑海里发生的事情与自身剥离，不被无意义的思绪所困扰。只需简单问一句："是谁在思考那个问题？疲惫的瑞安、饥饿的瑞安，还是唠叨的瑞安？"如果孩子难以用语言表达出是谁在控制他的大脑，那你可以在不同情况下，向他展示你是如何做到的。我时常会说:"今天脾气暴躁的妈妈真的很吵,我得想办法帮她冷静下来。"再次强调,细节并不重要,我们的目的是找到合适的语言来描述究竟是谁在思考。让孩子知道,这个思考者只是你内在的一部分或是外在的一部分——它并不是你的全部。

给那只"猴子"起个名字。叫它"小精灵"或者"愤怒的章鱼"都可以。不管怎样,我们将孩子的思维归因于一只藏在内心的疯狂的"小猴子"——或者是任何真实或想象中的动物或生物,显然这么做有助于孩子释放大脑空间。这个方法不仅有趣,而且非常有效。若你与孩子都能更好地了解这只小猴子,你们就能更准确地预测它何时会生出无用的想法,从而更好地帮它冷静下来。

一切困苦终将过去

一切都在改变。这是人类存在的基本事实,但总被我们轻易忽视。每当遇到美好的事物时,我们总希望它是永恒不变的,而当我们经历不愉快或无趣时,却深陷其中,迫切地希望尽快结束。不管是什么,一切终将烟消云散,若能记住这点,孩子们在经历困难时刻的时候,痛苦就会有所减轻,感激美好经历的能力也会日益增强。有时,你只需要提醒他这世上没有什么是永恒的即可。但有时,你可能还需要用其他方式来阐述这个事实。以下几种方式可供你选择。

生活就像天气一样变化无常。即使是年幼的孩子,也知道天气的变化无常：他们记得昨天刚下了雨，今天却是个大晴天，而明天又可能会下雪。这个比喻十分贴切，因为天气的变化易于观察和记忆，并且我们也无法掌控天气。但即便这样，我们仍可以决定是在雨中奔跑还是待在屋里闲逛。无论我们对此有何感受，只要耐心等待，总会发生一些与众不同的事情。

一切都是变化的。我曾采访过一位母亲，她与我分享了这则短小精悍的短语，说得太棒了，"无论什么事情，变化都是常态"。有时候，孩子们只是需要我们来提醒他们这一点。

乘风破浪，顺势而为。如果你的孩子非常喜欢海滩，那就同他聊一聊海洋、浪潮和变化的潮汐。眼前涨潮的海浪，似乎巨大无比，好像要将你淹没，但只需几秒钟，就会变成附着在沙滩上的一连串泡沫。同样，我们的思维、情绪和身体感觉也可能极具压倒性，好像浪潮般要将我们吞没，但事实上海浪终会消失、会平息。与孩子进行讨论，感知这些情绪，等待它们消逝，让孩子们知道无论当下正在经历什么，这一切终将如同退散的潮水、平息的波浪一样，回归当下。

正念的关键：与人为善和好奇心

心存善念、富有同情心和好奇心是正念的关键。如果孩子一注意到某件事情，就立刻给予评价或表现出轻视，那么即便他们拥有了专注的能力，也毫无意义。因为这样做，就立刻脱离了正念时刻，同时将自己的控制权交到了心里的小妖精／恶魔手中。可是，当我们面对挑战或压力时，还要善待自己与身边人，显然并非易事。就像正念的其他方面，这也是我们需要练习的一部分。本书第 6 章将提供多种与此主题相关的活动，但接下来先让我们来看看如何培养同情心，以及该如何与孩子谈论它。

你的朋友对此什么看法呢？ 若孩子无法摆脱消极情绪，你可以问问他："你觉得此刻你的朋友会对你说些什么呢？"或者"他会怎么想呢？"。也许孩子没法跟他自己友好地交谈，但他能想象自己的好朋友想对他说的话。或者你还可以这样问："如果此刻你的朋友身处困境，你想对他说些什么呢？"

对家人表示感激。 此方法简单易行。晚餐前或在其他定期的家庭聚会上，花些时间让家人们围坐在餐桌前，各自分享对彼此的感激之情。这不仅能加强彼此间的联系，感受家人的重视，还能练习如何给予、如何接受善意。不仅如此，若是孩子能提前知道有这个环节，那他就会更加细心留意一天中的善意时刻，哪怕是些细枝末节的事情，也能让他收获满满。

装满爱意桶。 我丈夫受卡罗尔·麦克劳德的《今天装满你的桶了吗？》(*Have You Filled a Bucket Today?*) 一书启发，想到了此方法。家人们围坐一圈，轮到你时，用自己的手臂或胳膊围成一个桶的形状，其他家庭成员则通过言语把对你的喜欢和欣赏装入桶中。最后，请说些表扬自己的话，填满爱意桶吧。

向救护车表达谢意。我的朋友茜拉·麦克瑞斯是《少点嘶喊，多点爱意》(Yell Less, Love More)一书的作者，她同我描述过，每次救护车从她身边经过，她都会送上友好的祝愿。我非常喜欢这个做法，原因有二：其一，这是另一种看似毫无干系却仍是以善意回应外界的方式；其二，它强化了这样一种观念——即使我们互不相识，且很可能永不再见，但善待他人仍是一件有价值的事情。这一切都是为了帮助孩子们锻炼他们的善良"肌肉"，使他们面对真正的困难与挑战时，有足够应对的能力。此做法还能延伸到动物身上，所有横穿马路的动物、爬往树上的松鼠、我们急切想赶走的虫子等等，都为我们提供了展现同情心的好机会。

多说"爱你"。在与詹妮弗·科恩·哈珀（《小花儿童瑜伽》的作者）的一次私人谈话中，我了解到这个方法。无论是在孩子入睡前，还是其他需要安全感和爱意的时刻，都可以采用此方法。步骤很简单：列出所有爱他们的人。如果节奏掌控得好，这个名单念起来会有咒语似的效果："妈妈爱你。爸爸爱你。姐姐爱你……"这份清单可以一直罗列下去。

选择正念

正念最大的一个好处就是可以随时进行练习。只需将注意力拉回到当下的事情上，并对它保持兴趣就好。思绪游离是很常见的事情，无须责怪，也无须羞愧。我们唯一能做到的，就是一次又一次有意识地选择正念。下面几个方法能让你教会孩子做到这一点。

随时可以重新开始。有时，我们需要用最简单的话语来提醒孩子们这个基本事实：我们随时可以重新开始。向来如此。

请求重启。喜欢玩电脑的孩子会喜欢这个说法。他们知道，如果电脑一直死机或者无法响应，关机一分钟，重启一下就能解决。让孩子明白，无论发生什么，他都可以请求重启。无论何时，只要你觉得有必要同孩子讨论发生了什么，那就彼此开诚布公。只不过开始谈论前，记得先让孩子重启一下。只有这样，他们才能有足够的时间找回自己的最佳状态，更好地与你沟通。

擦净白板，重新开始。此方法类似于请求重启。再次强调，这些方法都是为了找到能引起孩子共鸣的那些话语。如果孩子熟悉黑板或白板，便可以提醒他们，黑板上的内容无须在意，你可以把它擦干净，再写下新的信息或画一幅新的画。

神奇时刻。这是我从著名的冥想老师莎伦·萨尔兹堡那里学到的。每一个我们留心的当下，都是神奇的时刻，因为只有此时此刻，我们才有机会做出不同的选择。因此，和孩子谈论这一点，并在此刻到来时大声提醒他们，这有利于帮助孩子识别自身的神奇时刻。

总之，跟孩子谈论正念的方法有很多，希望本章中的方法能让你深受启发。最重要的是，找到能引起你和你的孩子共鸣的语言和比喻。只要认定最基本的概念——带着善意和同情心关注当下——就一定能找到正确且适合自己的方法。

第6章

制作家庭正念"玩具箱"

读至此处,你应该对何为正念、它如何起效、为何起效,以及如何将它介绍给自己的孩子,都了然于胸了吧。在这一章,我们将着重探讨如何促进和拓展与孩子的正念练习。本章的前半部分会提供一系列呼吸练习和其他活动,来帮助孩子学习时间管理,轻松应对一些充满挑战的时刻:早上、晚上、就餐,以及出门上学前或出游前。后半部分会教给大家一些技巧,帮助孩子来缓解压力、处理负面情绪、提升专注力等。如我所言,你越是能够陪孩子一起做正念练习,孩子就越愿意尝试不同的新方法来集中精力,觉察体验,体谅别人,善待自己。

随着我们尝试不同的练习,你会只关注对你的孩子有效果的练习。有些练习你非常感兴趣,但不确定你的孩子是否会喜欢。或者有些活动你试过之后毫无起色,这都没关系。

只是要记住,没有什么是永恒不变的,孩子们也在成长。也许某个练习对你的孩子不适用,但这其实也可能只是对现阶段的他不适用而已。

在这其中,有些练习在某些方面会有些相似。同样,我也为每个活动都设计了专用语言和实施步骤,以便你可以找到适合你家人的练习。有时候,只需换个说法,或者稍微转变一下思路,结果就会截然不同。做正念练习的方法没有最好,只有更好。不管这些练习以何种形式呈现在我们面前,最终都将回归于专注、善意和好奇。请时刻谨记,父母是最了解自己孩子的人,而且不管你们已练习了多久的呼吸,也不管你们已练习回归当下多长时间,你们永远都可以重启。

另一个建议是如果感觉到孩子的抗拒,请一定不要强迫他们。他们可能会直接拒绝、装傻充愣,或频繁转移话题,如果发生类似情况,那就顺其自然吧。如果你们因为做正念练习而导致亲子关系紧张,不仅会让你无比抓狂,也会使他们对正念再也提不起兴趣。同样,认可孩子努力的过程比结果更重要。比如,孩子想尝试打坐冥想,但坐了不到半分钟就腻烦了。没关系,不妨告诉他,即使这样,你依然为他感到骄傲,如果他下次还想试试的话,你仍愿意陪着他。

其次,一定别忘了安静时刻的练习。这才是每位家庭成员学习利用正念练习来保持专注和理智的黄金时间。练习得越多,就越能在困难时刻显现其成效。

最后一点,请记住任何练习过程都可能会成为正念,这取决于你对孩子的引导方式。这里所提及的一切活动,都没有对错之分，所以你无须在意规则或结果。只要能够保持当下状态，敞开心扉，接纳一切，你们做的都是正确的。

应对挑战的不二法门：呼吸

呼吸是正念练习的核心，也是应对一切挑战的不二法门。正念呼吸可以提高孩子的自控力，让他们做到动口不动手，快速平复焦躁情绪，摆脱无聊困顿，还可以让他们能够在沮丧时，有意识地抑制情绪大爆发。以下是几种可以教给孩子的正念呼吸法。

心连心呼吸法。可以让孩子把手放在你胸前，也可以把你的手放在他的胸前，或者你们可以把手放在各自胸前。然后做深呼吸，去感受彼此的呼吸。

背对背呼吸法。和孩子背靠背坐下来，一起做呼吸。也可以挨着对方并排躺下来，专注于彼此的呼吸。孩子如果不喜欢这样，你也可以只专注于自己的呼吸。你很快冷静下来之后，他自然也会紧随其后。

数呼吸次数法。持续记录自己的呼吸次数，成年人也难以做到！数自己的呼吸次数时，每次最多数到五次或十次，然后重新开始，这可以很好地让我们保持专注。如果忘了数到哪里，还可以重新开始。

数串珠法。很多宗教传统会让修行者通过盘捻手串或串珠项链来专注于祈祷。小小的手串不仅有助于孩子数自己的呼吸，也可以让孩子手上有事做。你们可以在网上选购手串，也可以在当地的手工店里动手制作。

数手指法。伸出一只手,五指张开。呼吸时,用另一只手沿大拇指一直滑到小拇指,即吸气时向上滑动,呼气时向下滑动。

吹泡泡法。大多数孩子,尤其是幼儿,不知道该怎样注意自己的呼吸。吹泡泡、吹蒲公英或者吹风车,都可以很好地帮助他们感受如何有意识地吸气和呼气。

吹蜡烛法。举起手指,把它们当成生日蜡烛。一次"吹灭"一根手指,每吹完一根后,要深吸气,然后再吹下一根。

哄泰迪熊入睡法。让孩子选一个毛茸茸的小动物玩偶(如泰迪熊)或者玩具,放在自己的肚子上,用呼吸时肚子起伏来慢慢哄它入睡。

闻花香吹泡泡呼吸法。这是练习口鼻呼吸的最佳方法。让孩子假装一只手拿花,一只手握泡泡棒。当他把"花"凑到鼻子上时,深深地吸进其花香。当他把"泡泡棒"凑到嘴边时,吹出泡泡。通过手上的交替动作,引导孩子保持稳定的呼吸节奏。

记住,你可以随时回到呼吸上,这是基本的正念练习。因为无论发生什么,呼吸都会与你形影相随。孩子不必记住该如何打坐、该说什么,抑或是其他事情。因此,当你感到惊慌失措或孩子情绪失控,而你们又不知道该如何处理时,不妨做几次深呼吸。

将正念融于不同场景

把正念练习融入日常生活、过渡时间段,以及每天绕不开的混乱时刻吧,让孩子学会应对挑战,并养成熟练运用的习惯,这将使他受益终生。

早晨

在早晨完成孩子上学前的准备工作,是很多家长为之头疼的问题。短时间内要完成的事情实在太多了,而且孩子睡眼惺忪,无精打采。我们可以在前一天晚上尽量陪孩子多做一些准备,比如准备好午饭、收拾好书包、挑好要穿的衣服等。除此之外,还有一些小妙招,可以让早晨更加正念满满。

再挤五分钟。如果你家的早晨总是格外忙碌,那么你可以试试能否在日常安排中再多挤出五分钟。比如在前一晚多做点准备,再比如可以早点起床。别小看这多出的短短五分钟,要是能利用这五分钟让内心进入正念,那将大有裨益。

交流。许多孩子会在早上与父母交流时,获益良多。也许时间会很紧张,但即使是短暂的正念依偎或聊天,也会帮助你们顺利地度过这美好的一天。

祈祷和咒语。许多宗教信仰都有晨祷的传统,以此表达对新一天的感激。我们可以设定一个新的目标,如善良、接纳、耐心或者感恩,接着带领大家进入积极的心灵空间。本章稍后将会更加细致地描述祈祷和咒语,它有利于人们在一大清早保持清醒和专注。

关注天气。建立与大自然的联结，可以让我们快速有效地回到当下，帮我们慎重地考虑下一步该怎么办。停下来欣赏一下窗外的风景，或者出去走走，都能为我们开启美好的一天。

查看日历。查看日历并注意日期的变化，能够帮助孩子感知时间的流逝和每周的节奏，让孩子意识到每天都有值得期待的部分，从而减少焦虑，让内心真正强大起来。

一日计划。除了查看日历之外，还可以和孩子讨论他们一天的计划：出门前的准备、上学、放学后的足球训练、作业、晚饭、洗澡和睡觉。为孩子梳理待办事项，有助于他们顺利度过很多过渡时间。

睡前时光

许多孩子在睡前难以安定身心，好在这里有几种方法可以帮助孩子安然入睡。除了本节的建议外，你还可以考虑在睡前一小时就远离电子产品、调暗灯光、选择安静平和的睡前活动，以及每天尽量有规律地按时就寝。

回顾自己的一天。这项活动可以让忙碌的心绪宁静下来。让孩子回想从早晨醒来到当下所做过的所有事情，是为了鼓励他养成用简洁的语言讲述自己一天的习惯，无须夹带任何评论或编造。他可以这样说："我醒来，去洗手间，刷牙、梳头，穿好衣服，下楼吃了一块华夫饼，玩了会儿蝙蝠侠战车，穿上鞋子和外套……"这样做时，他就是在练习保持专注，也是在学着关注自己每天的活动和思维，又不至于太过深陷其中，这恰恰是基本的正念技能。你们既可以让他说出来，也可以用无声的形式表达。如果能教会孩子入睡前在脑海中回忆一遍当天的事情，那么大概还没等回顾到午餐时间，他就已经进入梦乡。

引导冥想和观想法导引。许多引导冥想和观想法导引，可以让孩子在结束忙碌的一天后放松身心。为孩子选择一处快乐的地方，或真实或想象，也可以回忆某个美好的假期，都可以作为很好的起点。你也可以讲个以他为主角的故事，但是屠龙的故事除外；讲故事的目的是要给孩子营造一个平静、快乐的氛围，并让他沉浸其中。如果你自己编不出合适的故事，也有很多优秀的书绘本和CD值得参考（详见本书资源库）。

放松就好。研究和常识都表明，强迫入睡几乎是徒劳无功。越强迫，越焦虑，所以不要去催促孩子睡觉。恰恰相反，要告诉他，他需要安静地放松，并不是只有睡觉才能实现，可以想想开心的事，或许是学校的趣事，或许是他打心底喜欢的电影。如此，睡意自会悄然而至。

睡前表达爱和感恩。向自己和他人表达爱和善意的祝福，是基本的冥想练习（详见第2章），可以有效地让孩子集中注意力，用积极的方式引导自身的多余能量，感受被爱和被呵护。你们可以随意地谈一谈生活中你爱的人和爱你的人，并向他们传递你的快乐，也可以反复表达具体的祝福，让整个过程更有仪式感。如果你可以和孩子一起敲定祝福语，这将事半功倍。以下是我最喜欢的祝福语："愿我快乐，愿我健康,愿我安全,愿我感受到被爱。"当你的快乐感染了孩子,他也会把快乐传递给家人、朋友,以及陌生人(比如执勤的交警、图书管理员等),进而传递给全世界。还有一种类似的形式,是第5章中所描述的"多说'爱你'"的练习。

烦恼盒子。让孩子制作一个有盖的小盒子,用来在睡前安放自己的烦恼。你可以用小碗装一些小石头或者玻璃球来代表不同的烦恼,或者用纸条把烦恼记下来。把烦恼丢到盒子里,以此帮助他们摆脱烦恼,这一方式既生动又具体。你可以提醒他,如果他睡前还在为烦恼所纠结,那么第二天早上烦恼还会存在。但如果他醒来时,忘记了自己的担忧,那就表示他至少现在已经不担心那个问题了。

忘忧娃娃。买几个忘忧娃娃,也可以自制。在入睡前,孩子可以分别跟它们悄悄诉说一个自己的烦恼。然后把它们和自己的烦恼一起放在枕头下,或一个小盒子里睡觉,当然还可以给它们盖一张小纸巾当毯子。

倒计时。当我们的大女儿还是小婴儿时,我的丈夫就开始这么做了,几位受访父母也同样提及过这个方法。选择一个数字——比如十或二十就很适合作为倒计时的起点。一开始你的声音可以稍微大一些,随着倒数,声音会越来越小,也可以从始至终都平静地哼唱着倒数。这个方法十分管用,孩子会专注于你的声音和数字,同时还可以增强他们对睡眠的安全感,能够放松身心,安静地入睡。

就餐时间

如果我们能细嚼慢咽地吃饭,把注意力放在食物上,而不是眼睛盯着电视或手机,嘴巴做着机械的咀嚼,我们会更享受食物,从而做出更健康的饮食选择。以下是如何与你的家人一起分享正念饮食的方法。

两分钟饭前冥想。 可以在手机上设置计时器,也可以用墙上的时钟,规定用餐前需要先静坐一两分钟,专注呼吸。可以引导孩子一起做,但切忌唠叨,也不要在意他是不是真在冥想。只要他保持相对的安静,这就算成功了。

饭前祷告。 可以借鉴你们的宗教或文化传统,也可以与家人共同讨论一些能让你们感觉平静、专注和感恩的话语,并对你们享用的食物心存感激。你们可以一起背诵祝祷语,也可以轮流背诵。吃饭时,专心吃饭。家里制定一条规则:每天至少有一餐,餐桌上不可以有书、电子产品、玩具或者工艺品。专心致志地进食,可以让人学会即使面对单调乏味的活动,也依旧可以保持专注,这项技能会让孩子受益一生。

与食物互动。 别误会我的意思。在我心目中,餐桌礼仪非常重要,我也经常告诉我的女儿们不可以玩食物。但有时,探索盘子里的食物会让晚餐吃得更津津有味,这也是做正念练习的上乘方法。问问孩子食物的色泽、香气、味道和触感如何。通过让孩子尝一尝、闻一闻,让吃饭这件小事变得别有一番风味。

咀嚼时放下餐具。 这样可以放慢孩子吃饭的速度,并让他一心一意地吃饭。咀嚼,放下餐具。咀嚼,放下餐具……

在决定吃或不吃前，先感受一下自己有没有饱腹感。这个方法简单而有效，可以让孩子学会识别、关注并顺应身体的饥饿信号。当孩子说自己已经吃饱了，或者还要再吃点时，引导他先感受一下自己是否有饱腹感。

咀嚼游戏。你能每一口食物都咀嚼十次吗？那二十次呢？同样，这也有助于孩子练习细嚼慢咽、专注饮食。如果把食物咀嚼当成游戏或是趣味比赛，孩子会更乐意尝试。

过渡时间段和碎片化时间

从一种情境到另一种情境的转换，也会使家人产生压力，无论是匆忙出门上学、从生日派对上离开，还是上楼去睡觉。这些转换对父母、对孩子同样都有压力。父母能够保持冷静，也会有助于孩子集中精力做好份内的事情。

记住你的 ABC 三步法。我喜欢艾米·萨尔茨曼在她的《清静之地》（A Still Quiet Place）中描述过的这种做法。A 表示注意（Attention）。事情乱成一团，或者令人不知所措时，我们可以停下手上的一切，把注意力转移到自己身上。B 代表呼吸（Breath）。通过关注呼吸，我们能够恢复沉着和冷静，从而做出更好的选择。C 代表选择（Choose）。借助正念呼吸，可以更熟练地做出明智的选择。

提前了解过渡时期。大人对每天的例行事项都了然于胸，比如在出门前要做什么，或者医生叫号之前大概要等多长时间，但孩子们对此一无所知。为他们描述过渡时间活动的大体程序和步骤，有助于他们缓解焦虑、摆脱不安。

询问孩子"什么让你印象深刻？"。这种做法（详见第 5 章）可以用于孩子意犹未尽、依依不舍或产生分离焦虑时。花时间陪他回忆和讨论他的经历，会让他感受到你也同样珍惜他的体验；与他共情，也有助于他巩固记忆。

手指拥抱。孩子特别渴望被关注，但有时候我们会因为太过忙碌而忽视对孩子的关注，尤其是父母的关注对孩子至关重要。将你们的手指相互缠绕在一起，只需片刻就足以让他的注意力回归，让他感受到联结、沉稳和踏实。

神奇三步呼吸法。第 2 章介绍过这一练习，在此值得再次提及。孩子对与魔法相关的一切有着与生俱来的喜爱，仅仅是几个有意识的深呼吸，其魔力就能与魔法媲美。每时每刻，你只要想恢复冷静和专注，想对下一步行动做出明智的选择，就可以和孩子一起做三次神奇的呼吸。

正念的技巧

各种丰富多样的练习活动，可以提升孩子的专注力，培养孩子乐于助人的良好品质，增强孩子巧妙处理负面情绪以及面对逆境的能力。

关注当下，屏蔽负面情绪

有时万般愁绪绵绵不绝，涌上心头，令人不堪重负，而关注当下可以帮助我们与这些想法及感受拉开些许距离。关注当下并非天赋，而是需要我们多加练习，以求达到熟能生巧的程度。下列活动有助于孩子回归当下。

看泡泡练习。无论对儿童还是成人，看着泡泡随风飘动，似乎都很有治愈力。这同时也告诉孩子们，虽然没什么会永恒不变，但却并不影响我们享受泡泡带给我们的快乐。

静观亮片飘落。摇晃雪花水晶球或闪光仙女棒，能让孩子烦躁的身心回归平静。流转的亮片就好似他们躁动不安的念头和情绪，当他们专注于纷纷飘落的亮片时，思绪也会随之安定下来。麦克·莱恩的绘本《暴躁奶牛在冥想》(Moody Cow Meditates)中，就讲了奶牛皮特是如何度过自己糟糕的一天的，其中就将此练习融入了这个温馨的故事里。

正念行走。也有家长称之为"无目的地散步"。这种散步（详见第1章）不是为了锻炼，也不是为了赶路，而是要在走路过程中留心沿途的风景。如果孩子的正念行走需要一点指导或启发，那正好陪他一起做些预备和回顾练习（详见第5章）。

天空游戏。这个方法简单易行，是我在写这本书时受邀采访的一位家长告诉我的。她会在孩子乱发脾气、坐立不安、大吵大闹时，让他们看看天空。这样他们就必须停止一切，如果是在室内，要想看到天空，还要走到窗户前。有时，孩子们还会聚精会神地仰望天上的飞鸟或者一片奇特的云彩。有时，只是换个视角，孩子就拥有了更广阔的心灵空间。这项练习在坐车时也可以进行，特别适合那些不爱参加家庭远足或散步的孩子。

画你所见。将自己的所见所闻画出来，是密切关注周遭世界的最好方式。绘画，这种方式既有趣又有效，可以提升和保持孩子的专注力。他们可以画自己想画的东西，抑或是由你为他们用玩具、食物或家居用品随机创造一组有趣的静物。记住，请一定不要评判图画的优劣，因为画得好坏并不是我们在意的。

用游戏练习专注力

孩子练习专注的方法有很多，其中游戏居多。在此我只是部分罗列，其实一切有助于孩子们放慢节奏、集中注意力、爱惜身体的活动，都会是一个很好的开始！

记忆力游戏。这是个卡片匹配游戏，要求孩子专心记住匹配的卡片位置。游戏版本有很多，你甚至可以在家自制一副卡片，卡片由成对的匹配图片组成即可。先把所有卡片画面朝下放在桌子或地板上，然后每位玩家轮流一次翻两张。如果两张卡片匹配，那么这两张就归其所有，还可以再玩一回合；如果两张卡片不匹配，该玩家需将卡片翻回去，并由另一名玩家尝试匹配。这个游戏的目标在于比一比谁收集的配对卡片多。年纪较小的孩子可以从六张卡片开始玩，再慢慢发展为二十张，甚至更多。

找不同游戏。这个游戏简单好玩易操作，在家里就可以轻松进行。取一些家用小物品，如钢笔、纽扣、勺子、毛绒玩具、贴纸、手镯、赛车模型等，放在饼干托盘上。计时三十秒，让孩子观察物品。然后请他把脸转过去，你拿走其中一两件，看看他能否发现哪些东西不见了。几个孩子一起玩这个游戏也会很有意思。

叠叠乐。这个经典游戏要先搭建好积木塔，再将积木抽离，一次只抽一块，但要确保积木塔不倒。这个游戏有助于锻炼孩子的专注力，以及身体的觉知和协调能力。

扭扭乐。扭扭乐既可以锻炼身体觉知力，还可以拉伸肌肉和关节，让孩子把右手放在红色圆圈的同时，在无声无息中发展了实用的正念技能。

国际象棋或跳棋。这类游戏要求孩子既要不急不躁、全神贯注，又要审时度势，并做出判断，这些都是很好的正念技能。

拼图。拼图游戏中，孩子要想把不同的部分成功组合在一起，就必须保持专注，仔细观察，并充分利用自己的想象力。

玩积木或乐高塔。这一点大家很容易忽视。即使只是玩乐高，也可以让孩子们学着慢下来、保持专注，从而做出明智的选择。

编织、涂色及其他手工。一切利于孩子发挥创造力的活动都是上天的恩赐，如编织、涂色、缝纫等手工的重复性动作都有助于提升专注力。

拍照。拍照是关于正念的一个很好的比喻，因为二者都要求沉浸当下，有选择地关注自己想关注的事物。数码摄影较之传统摄影的神奇魔力，家庭相机的普及，再加上孩子对电子产品的喜爱，使得拍照成为很多孩子都乐此不疲的活动。

阅读。许多活动中，为孩子阅读书籍这种方式，既可以兼顾趣味，又在悄无声息中让孩子练习应如何专心听讲。此外，专门阅读正念书籍也可以用新颖有趣的方式向孩子介绍正念观点，为你们提供了可以随时互动的共同话题。我在本书的资源库部分也列出了几本相关的书，供你选用。

让孩子有意识地交流，建立同理心

我们在最需要同情和体谅的时候，却往往越难以找到通往同情和善良之路。在日常生活中，尽量为孩子创造机会去有意识地宽容、体谅和感恩，他们就一定会渐入佳境。这里有一些建议供你参考。

使用祝福语。天下事，做则能成。要培养孩子友善的习惯，唯有多加练习。心怀善念，便可以向自己、亲友、路人、对手甚至整个世界表达善意的祝福。传递祝福，不在于让对方更快乐，而在于培养你的向善之心。你可以在冥想时复诵这些祝福语，也可以把它写下来或是大声复诵。我喜欢用这样的话语："愿你快乐。愿你健康。愿你平安。愿你活得轻松自在。"假如你不喜欢这类句子，也可以随心所欲地编写。还可以选择这样的格式："我祝你幸福"或是"我希望你健康"。可以用这几种方式介绍给你的孩子，比如睡前大声说出这些祝福语，或者邀请他和你一起冥想并复诵。

默默地关爱和同情他人。我从克里斯·威拉德那里得到了这个灵感，真是棒极了。孩子总热衷于秘密行动，所以这种方式对他们来说再合适不过了。正念的妙处就在于无须让别人知道你在做正念练习。孩子们可以向自己的朋友、老师、欺负自己的小孩（对，你没看错，就是欺负自己的小孩），甚至是自己的父母默默传递祝福。他们仿佛在自己周围建立起了隐形却坚不可摧的善意能量场。

正念身体写作。通过这种方式，既可以与孩子建立亲密联结，也有利于他们关注自己的身体觉知。用手指在孩子背上画图或写字，让他猜猜你写了什么。

抱一抱。这跟普通的拥抱、依偎没什么两样，只是为你们双方注入了更多的关注。我们不可能永远都守护在孩子身边，所以，尽情享受现在的时光吧。孩子也会感受到你对他全身心的爱和关注，以及感受到你们真正建立起来的身体联结。

感恩练习。研究表明，感恩的益处颇多，可以提升人的适应力和幸福感，建立良好的人际关系，改善睡眠，缓解压力。引导孩子学会感恩的方法有很多，而培养孩子感恩之心的最好方式就是陪伴。你们可以围坐在餐桌旁，轮流分享一件值得感恩的事，也可以轮流写感恩日记，还可以在感激罐里留下感恩便条，供日后阅读（详见第4章学习如何制作感激罐）。

高光时刻和低谷时刻。这个活动让家人来表达对彼此的感激，在正念练习中聆听，并接受彼此的全部经历。无论是家庭聚餐、家庭会议，还是其他聚在一起的场合，你们都可以分享一天中的高光时刻抑或是糟心事。你们也可以按照"玫瑰、蓓蕾与荆棘"（这是一种比喻，用来描述人生中的不同阶段或者经历）的模式，每人分享自己一天中最美好的部分和最糟糕的部分，还有自己对未来的期待，甚至可以分享当天的新闻，反正什么都可以分享。

安住当下。这是基本的同理心练习，教给孩子的最好方法是为他们培养习惯，并以此执行。这听起来很容易，但事实并非如此，尤其是在孩子心情不好、烦躁易怒，或他们的要求被拒绝时。然而，当我们能够对他们的体验感同身受时，他们的无助感和孤独感就会大大减轻，才能更顺利地步入正轨。在轻松惬意的时候做这个练习，会更加事半功倍。在孩子得空时，花五到十分钟，放下手机，关掉电视，陪他做一做想做的事。一切都由他做主，听他指挥。平时练习得越多，在他们身处困境时，做起来才会越得心应手。

让孩子关注并放松自己的身心

很多孩子都在与身体觉察、紧张的身心或者不安的情绪做斗争。以下几个技巧，将有助于孩子关注并放松自己的身心。

快速唤醒身体。有时，仅仅让孩子唤醒一下自己的身体就足够了。

身体扫描／渐进式肌肉放松训练。这是第1章中CALM平静提醒练习的加长版。在引导冥想中，要让孩子将自己的注意力贯穿于身体各部位，从头到脚或者从脚到头的顺序都可以。引导孩子可以在关注肌肉的同时将它放松；也可以只是关注之后，继续扫描。网上有很多免费的音频版本和文稿，搜索"儿童身体扫描"或"儿童渐进式肌肉放松"就可以查到。

意大利面和铁皮人游戏。这种方式更快捷，也更好玩，可以用来指导孩子们有意识地放松身体。你大喊"铁皮人！"时，孩子必须站直并绷紧身体；你喊"意大利面！"时，他就立马要全身放松，让身体柔软得像煮熟的面条一般。还可以再加入"煮意大利面"的过程：孩子要让自己先从僵硬的生意大利面，慢慢放松成柔软的煮熟的意大利面。

海星伸展运动。我喜欢苏珊·凯瑟·葛凌兰的做法。首先，描绘一下海星：它有五条触腕，由中央向外辐射分布。其次，海星的中间主体负责一切活动，包括呼吸。然后，要做海星伸展运动了，先让孩子躺下，向中央吸气，这时他要尽力伸展脖子、手臂和腿。最后，呼气并放松全身，好好休息。可以随意反复多练习几次。

舞蹈。如果你的孩子特别爱动，那就让他动起来吧。随着音乐跳起来，尽情摇摆吧！他也可以绕着院子或小区去跑几圈。有时候我们也需要顺其自然。

瑜伽。儿童瑜伽是一种健康运动，不仅可以伸展身体、矫正体形，还能提高对身体的觉知力。我在本书的资源库部分列出了一些亲子瑜伽练习的书和卡片供你参考，除此之外，你们当地的图书馆应该也会有不少资源。需要注意的是，对幼儿来说，不要太在意他们的姿势是否正确，或是能否保持足够长的时间。我们的目标是向孩子介绍新的运动方式，引导他感知自己的身体，并享受运动。

参加辅导班。我祖母特别有智慧，她曾经告诉我，父母不可能把世上的一切都教给孩子。她有七个孩子，并帮着带大了许多孙子孙女。艺术、体操、舞蹈、武术、瑜伽或儿童正念课程等，都会成为孩子学习新思想、新活动和新技能的途径，为你们的家庭练习提供补充和支持。

如何帮孩子在负面情绪中保持冷静

正如前文所述,危机冥想并不存在。当负面情绪如潮水般涌来时,就连成人也无法有效学习新的活动或练习,对孩子而言就更是难上加难。当孩子陷入愤怒、伤心、沮丧、困惑等情绪时,我们可以用多种方法帮助他们平静下来。下面列出了几种解决方法。

重要提示:如果你与孩子以建立联结、感同身受为出发点,那么你安慰孩子所做的一切都是最有效的。你对孩子的行为感到不安和恼火时,请先让自己冷静下来。万事开头难,但只要坚持练习,一定会熟能生巧。此外,你还可以陪孩子练习以下活动,帮助你们一起冷静下来。

呼吸和身体感知练习是缓解负面情绪的良方,孩子如果喜欢这样的练习,这会是一个很好的开始。雪花水晶球、闪光魔法棒、鹅卵石都可以在此刻大展身手,以下是一些相关建议。

咒语。咒语可以是个单词,也可以是个短语,孩子或默念或大声重复,以帮助他们集中精神,稳定能量,回归当下。在选择咒语时,需要牢记几点:首先,咒语应该简单易背、直截了当。孩子可以有几条自己喜欢的咒语,也可以随时改变咒语,但关键是要选择在遇到困难时,第一时间最能想到的咒语,这样就不用经常切换了;其次,咒语最好是由孩子自己创造的,那必定会事半功倍,所以请允许他听从自己的指引;最后,咒语可以和某个情境的细节相关,这样会更有助益。例如,"我很安全"或"我能做到"有助于孩子勇于面对身体上的挑战,而"这也会过去"则会让他记住困难总是暂时的。咒语可以愚蠢甚至荒谬,可以是简短的祈祷、简单的旋律,也可以是遇到困难时的提示词,比如"呼吸""慢慢来"或"善待他人"等。

记台词。节目或电影中的台词或歌词,对孩子们很有吸引力。《狮子王》(The Lion King)主题曲《此后无忧无虑》(Hakuna Matata)提醒那一代的孩子们:没什么好担心的。迪士尼电影《冰雪奇缘》(Frozen)的主题曲《顺其自然》(Let It Go)让顺其自然深入人心。《欢乐满人间》(Mary Poppins)教会我们在不知道该说什么的时候,就说"人见人爱,花见花开,车见车爆胎",美国公共电视台(PBS)动画片《小老虎丹尼尔》(Daniel Tiger's Neighborhood)中,每集都由一首蕴含一个深刻道理的儿歌改编而成,比如:"遇到糟糕的事,换个角度,就能发现它积极的一面。"

数数平静法。这是咒语练习的变体(之前已经作为一种睡前练习提及过)。有时,从一数到十或由十数到一,都可以分散孩子的注意力,让他放松对当下的控制。如果年纪稍小的孩子还没学到数字十,他也可以从一数到三,然后循环往复。或者唱自己最喜欢的歌,也可以达到同样的效果。

打开电脑,戴上耳机,平静下来。让孩子戴上耳机,独处片刻,是一种很好的平静方式。网上有很棒的冥想指导应用程序、光盘和音频。本书的资源库部分也列出了一部分。

紧紧拥抱。许多孩子很喜欢紧紧拥抱所给予身体的安全感。如果你的孩子难以平复心情，那就请给他一个爱的拥抱。还可以把孩子像包襁褓一样裹在毯子里，然后你就可以拥抱你的"小卷饼"了。

爱自己的心爱之物。别低估了心爱玩具的力量。无论如何，一条心爱的毛毯或一个毛绒玩具，都能促使孩子平静下来。如果他还没有自己的心爱之物，你可以给他买一些小替代品。不管你跟他分享什么规则，永远都不要期待孩子会分享自己的心爱之物。心爱之物只是用以抚慰身心，这不是"胡萝卜加大棒政策"[1]，不该用来奖励或惩罚。

舒缓沐浴。洗个热水澡让孩子得到放松。还可以来个泡泡浴，或在洗澡水中加入薰衣草精油。这时的沐浴不仅是为了擦洗和清洁，还为了能让他们在温水中放松身心。沐浴后，请一定记得要用柔软的大毛巾将他包起来。

倾　听

我们都希望自己的孩子能养成耐心倾听的习惯。前文提过，通过为孩子朗读，可以帮助孩子发展良好的倾听能力。练习倾听冥想的好处多多，而且倾听声音比关注呼吸更容易练习。以下方法可以帮助你们快速入门。

听音乐。从日常小事入手，自然过渡到接触新练习，这

1　原文为"a carrot or a stick"，是一句俚语。意为"软硬皆施，恩威并重"。其出自一个故事：马夫在驾驭马时会在它前面放一根胡萝卜，引诱马匹前进的同时，又用一根棍子在后面驱赶它。后来人们就用此俚语指奖励与惩罚并存的激励政策。——编者注

样会更得心应手。伴着最喜欢的歌声一起进行冥想练习，这一时刻会变得格外特别。听歌之前，可以告诉孩子，你们的目的不是认真听歌，而是要关注自己是何时开始不听音乐，转而去聆听自己的内心。

聆听三种不易察觉的声音。这个方法有助于孩子适应安静的环境。你们可以在安静时、孩子需要冷静时，或是在垂头丧气的时候，一起做这个练习。陪孩子安静下来，让他细心捕捉到三种不易察觉的声音，然后告诉你。

无声游戏。几分钟的倾听冥想，在无声无息中就可以进行，在车里的效果会格外好。每个人都保持安静，一直坚持到下一个红绿灯或路口，然后每个人都要描述一下各自听到的三种声音。

修行钵。这个钵可以是任意尺寸，可以用软木槌敲击钵的边缘。孩子们对敲东西很有兴致，敲击之后，一起倾听声音逐渐变弱，直至完全消失。

画你所听。放点音乐，让孩子用手中的画笔画出他所听到的内容，并讲给你听。

洞察力与自我意识

放慢节奏，关注自我的想法、情绪和感觉，使我们能够洞察，我们会因何而触动和受伤，又会为何而深感慰藉与平静。孩子们认识自我的能力千差万别，本书中的每项练习，都会在他们认识自我、成就自我、追求自我的道路上陪伴他们成长。相信以下练习，会对此有所帮助。

写日记。日记有助于孩子清晰地表达自我，并通过在纸上书写文字来探求和感悟。每个孩子都应该拥有真正属于自己的写作或绘画空间，在这里，他们可以随心所欲地抒发自我（孩子会对带小挂锁的日记本格外喜欢，但一定要把备用钥匙保管好哦）。为了让孩子可以好好利用自己的日记本，这两条基本规则一定要谨记于心：首先，日记本是绝对安全的空间，孩子可以在这里任意写画；其次，未经允许，父母不得偷看孩子的日记。如果他在某个特定时刻需要指导或构思，你可以建议他写一份感恩清单，或是描述自己的一天，或是列出他在某个时刻注意到的三个细节，抑或给自己写一封信。

情绪跟踪表。这种方法可以非常直观地让孩子了解自己的情绪变化。你可以创建一个表格，在顶部标注星期，在侧边显示时间。可以挑些孩子在家的时间，期待与他有片刻的联结。还可以买些印有不同心情的表情贴纸，也可以让他画一画或者写一写自己此刻的感受。情绪跟踪表并非只能报告快乐的情绪，也不必刻意增加快乐的感觉，只是借此来关注并记录他们当下的情绪。

情绪晴雨表。这是情绪跟踪表的变体，有助于孩子了解自己的经历，帮助他们跳出现有的框架，并记住"没有什么是永恒不变的"这个道理。孩子应用情绪晴雨表的方法有很多：可以把它当作上学前或放学后你们之间的仪式感。或者可以制作一个天气板，上面摆一些带天气图片的魔术贴，孩子可以选择适合自己心情的图片贴在对应的格子里。当你不知道他的心情如何时，可以让他查看一下自己的晴雨表，看看他的内心天气是风和日丽、阴雨蒙蒙,还是狂风骤雨,具体感觉又是如何。

红绿灯打卡游戏。 如果你不确定孩子的状况,但是要跟他郑重其事地谈论情绪时,时机又不成熟,那么你可以让他做一下快速的红绿灯打卡:绿色代表一切顺利,他已经整装待发了;黄色代表迟疑不决,他需要多一点时间或者额外的帮助,直至一切恢复平静;红色代表他遇到了问题,需要及时"刹车",并通过沟通调节,弄清楚他此时此刻的需求。黄灯或红灯都需要后续的谈心(至少在最初阶段),但随着时间的推移,你们就可以慢慢制定好策略,以应对绿灯不亮的情况。

创建空间

孩子们很容易陷入无助,导致乱发脾气、悲观失望、心神不安等状况接踵而至。交谈与思考可以让他们的大脑更清醒,以这种方法来解决棘手的问题固然有效,但也并非屡试不爽。有时需要独辟蹊径,把孩子从他的异想世界拉回现实世界。以下做法可供参考:

重启联结步骤。 科技造福人类,但也应重视它所带来的危害。有时,我们的孩子需要远离电脑和令人抓狂的家庭作业;有时,在他们真正需要吃饭、运动或睡觉前,离开沙发并放下手机或平板。据此,你的孩子确实需要几分钟,做做伸展运动或是跳跳舞,然后再回去写作业。他甚至可以休息几个小时或几天。最后,你所做的干预行为,可能会遭到他强烈的反对,但你一定要坚持,因为它值得。如果你也收起电脑和手机,以身作则,那么一切会进行得更顺利、更美好。

在冷静角落里待一待。如果你或孩子忘记了家里的冷静角落，那么从现在起，重新改造一下它吧。

休息一天。我们都会有平淡如水的日子。关注并接纳这样的日子，开启崭新的一天，让我们坦然面对这平淡的时光，不再做无谓的斗争。休息一天，可以是让不堪重负或是生病的孩子请假在家，可以是同意孩子晚交作业，或者错过一次体育训练，或者只是比平时睡得早一点。我们都会有糟糕的日子，坦然接受吧，这样我们才能越来越熟练地应对它们。

走出去，找自己。再强调一次，户外活动有助于孩子跳出自己的思维定式，以此锻炼身体、修身养性、享受乐趣，觉察当下（详见第4章）。一部分孩子会认为这只是在外面玩耍，当然可以这样认为。他们的游戏就是他们的工作，让他们尽情玩耍吧。另一部分孩子会发现户外是练习呼吸、倾听、散步或者冥想的好去处。他们不再被电子产品、玩具、家庭作业等分散注意力时，会过得更自在。需要注意的是，我们通常认为户外时间只能在白天，但晚上带孩子出去，让他们专注于看夜空、看星星，同样也有助于转变他们的视角和思维。

希望这些练习以及本书中所列出的练习，能引导你开始自己的正念练习，并与孩子分享。在你每天和孩子一起努力寻找方法，以善意、好奇心和接纳的态度对当下进行有意识的关注时，你会注意到彼此身上开始发生微小却重要的变化。你也会更擅长用创新且富有想象力的方式，在家里创造正念时刻。如果你不太确定某项特定活动是不是正念，只需记住以下几点标准。

- 回到第3章中描述的标准：是否有助于提升孩子的专注力、创造力，增强孩子的好奇心、同情心或安静力？如果是的话，就表明你正走在正确的道路上。
- 电子产品在正念练习中通常毫无立足之地，偶尔用到正念或冥想应用程序例外（详见本书资源库）。
- 放下执念与期待，不去在意结果。正念就是全心全意的包容和善良，而不是评判和苛责。
- 好好享受吧！

我们在为人父母的日子里，忙于奔波，预测问题，制订计划，完成手头的一切后，我们才得以继续做下一件事情。我们总是在路上，身心疲惫，难以支撑。一不小心，我们的孩子也会重蹈覆辙。他们最终可能也会觉得，自己的生活就是不断地重复着"各就位！预备！出发！"的模式，甚至都没时间冷静，没时间集中精神，没时间反思自己的过去、现在和未来。幸运的是，我们可以帮助他们打破这种循环，可以教他们如何就位、如何准备和如何呼吸。他们每一次独立完成练习，或者在我们的陪伴下实现目标，都是在播撒正念的种子。我们教会孩子们的技能和练习，将会陪伴他们一生。

鸣　谢

　　首先，我要感谢所有在百忙之中抽出时间，与我分享智慧和经验的父母，正因有他们的无私奉献，才让这本书的内容更加饱满鲜活。此外，我还要感谢新前驱出版社全体员工的出色表现。在我努力为这本书发掘观点和视角时，他们每个人都给予我无尽的支持和无比的耐心。最后，我要感谢我的丈夫和孩子们。如果没有他们，就不会有这一切。如果我不是一个母亲，就不会踏上正念之路。如果没有他们，我将无法感受到当下的神奇之处。

资源库

以下内容是正念练习的参考内容，包括儿童绘本、关于正念育儿和成人正念练习的书籍、引导式冥想以及可安装在平板电脑和智能手机上的应用程序等。进行正念练习的方法有很多，您可以多尝试几种，看看哪种更适合自己。

儿童绘本

优秀的儿童图画书有很多，而且每年出版的新绘本不胜枚举。现列出我个人最喜欢的部分——与正念、冥想、同理心、情感识别与管理、正念饮食和瑜伽等主题相关的图书，以供大家参考。

正念与冥想

Alderfer, Lauren. 2011. *Mindful Monkey, Happy Panda.*

Somerville, MA: Wisdom Publications.

DiOrio, Rana. 2010. *What Does It Mean to Be Present?* Belvedere, CA: Little Pickle Press.

MacLean, Kerry Lee. 2004. *Peaceful Piggy Meditation.* Park Ridge, IL: Albert Whitman and Company.

MacLean, Kerry Lee. 2009. *Moody Cow Meditates.* Somerville, MA: Wisdom Publications.

Showers, Paul. 1993. *The Listening Walk.* New York: HarperCollins. Sister Susan. 2002. *Each Breath a Smile.* Oakland, CA: Plum Blossom Books.

Nhat Hanh, Thich. 2012. *A Handful of Quiet: Happiness in Four Pebbles.* Oakland, CA: Plum Blossom Books.

Roegiers, Maud. 2010. *Take the Time: Mindfulness for Kids.* Washington, DC: Magination Press.

Sosin, Deborah. 2015. *Charlotte and the Quiet Place.* Oakland, CA: Plum Blossom Books.

同情心及其他心理情感

Kate, Byron. 2009. *Tiger Tiger, Is It True? Four Questions to Make You Smile Again.* Carlsbad, CA: Hay House.

MacLean, Kerry Lee. 2012. *Moody Cow Learns Compassion.* Somerville, MA: Wisdom Publications.

McCloud, Carol. 2006. *Have You Filled a Bucket Today? A Guide to Daily Happiness for Kids.* Northville, MI: Ferne Press.

Hills, Tad. 2009. *Duck & Goose, How Are You Feeling?* New York: Schwartz and Wade.

Silver, Gail. 2009. *Anh's Anger.* Oakland, CA: Plum Blossom Books.

Silver, Gail. 2011. *Steps and Stones: An Anh's Anger Story*. Oakland, CA: Plum Blossom Books.

Silver, Gail. 2014. *Peace, Bugs, and Understanding: An Adventure in Sibling Harmony*. Oakland, CA: Plum Blossom Books.

Rubenstein, Lauren. 2013. *Visiting Feelings*. Washington, DC: Magination Press.

瑜珈

Baptiste, Baron. 2012. *My Daddy Is a Pretzel*. Cambridge, MA: Barefoot Books.

Davies, Abbie. 2010. *My First Yoga: Animal Poses*. Mountain View, CA: My First Yoga.

MacLean, Kerry Lee. 2014. *Peaceful Piggy Yoga*. Park Ridge, IL: Albert Whitman and Company.

其他：正念饮食、静默和思维方法

Deak, JoAnn. 2010. *Your Fantastic Elastic Brain*. Belvedere, CA: Little Pickle Press.

Lemniscates. 2012. *Silence*. Washington, DC: Magination Press.

Marlowe, Sara. 2013. *No Ordinary Apple: A Story About Eating Mindfully*. Somerville, MA: Wisdom Publications.

其他：教授儿童正念方法

Cohen Harper, Jennifer. 2013. *Little Flower Yoga for Kids: A Yoga and Mindfulness Program to Help Your Child Improve Attention and Emotional Balance*. Oakland, CA: New Harbinger Publications.

Hawn, Goldie. 2012. *10 Mindful Minutes: Giving Our Children——and Ourselves——the Social and Emotional Skills to Reduce Stress and*

Anxiety for Healthier, Happy Lives. New York: Perigee Books.

Kaiser Greenland, Susan. 2010. *The Mindful Child: How to Help Your Kid Manage Stress and Become Happier, Kinder, and More Compassionate.* New York: Free Press.

Murray, Lorraine. 2012. *Calm Kids: Help Children Relax with Mindful Activities.* Edinburgh: Floris Books.

Nhat Hanh, Thich. 2011. *Planting Seeds: Practicing Mindfulness with Children.* Oakland, CA: Parallax Press.

Saltzman, Amy. 2014. *A Still Quiet Place: A Mindfulness Program for Teaching Children and Adolescents to Ease Stress and Difficult Emotions.* Oakland, CA: New Harbinger Publications.

Snel, Eline. 2013. *Sitting Still Like a Frog: Mindfulness Exercises for Kids (and Their Parents).* Boston: Shambala Publications.

Willard, Christopher. 2011. *Child's Mind: Mindfulness Practices to Help Our Children Be More Focused, Calm, and Relaxed.* Oakland, CA: Parallax Press.

正念育儿

Carter, Christine. 2011. *Raising Happiness: 10 Simple Steps for More Joyful Kids and Happier Parents.* New York: Ballantine Books.

Kabat-Zinn, Myla, and Jon Kabat-Zinn. 1998. *Everyday Blessings: The Inner Work of Mindful Parenting.* New York: Hyperion.

Martin, William. 1999. *The Parent's Tao Te Ching: Ancient Advice for Modern Parents.* Cambridge, MA: Da Capo Press.

McCraith, Sheila. 2014. *Yell Less, Love More: How the Orange Rhino Mom Stopped Yelling at Her Kids——and How You Can Too!* Beverly, MA: Fair Winds Press.

McCurry, Christopher, and Steven Hayes. 2009. *Parenting Your*

Anxious Child with Mindfulness and Acceptance: A Powerful New Approach to Overcoming Fear, Panic, and Worry Using Acceptance and Commitment Therapy. Oakland, CA: New Harbinger Publications.

Miller, Karen Maezen. 2006. *Momma Zen: Walking the Crooked Path of Motherhood.* Boston: Shambhala Publications.

Naumburg, Carla. 2014. *Parenting in the Present Moment: How to Stay Focused on What Really Matters.* Oakland, CA: Parallax Press.

Payne, Kim John, and Lisa Ross. 2010. *Simplicity Parenting: Using the Extraordinary Power of Less to Raise Calmer, Happier, and More Secure Kids.* New York: Ballantine Books.

Race, Kristen. 2014. *Mindful Parenting: Simple and Powerful Solutions for Raising Creative, Engaged, Happy Kids in Today's Hectic World.* New York: St. Martin's Press.

Shapiro, Shauna, and Chris White. 2014. *Mindful Discipline: A Loving Approach to Setting Limits and Raising an Emotionally Intelligent Child.* Oakland, CA: New Harbinger Publications.

Siegel, Daniel, nad Tina Payne Bryson. 2012. *The Whole-Brain Child: 12 Revolutionary Strategies to Nurture Your Child's Developing Mind.* New York: Bantam Books.

Siegel, Daniel, and Mary Hartzell. 2013. *Parenting from the Inside Out: How a Deeper Self-Understanding Can Help You Raise Children Who Thrive.* New York: Penguin Books.

普通正念观

Boorstein, Sylvia. 2008. *Happiness Is an Inside Job: Practicing for a Joyful Life.* New York: Ballantine Books.

Germer, Christopher. 2009. *The Mindful Path to Self-Compassion: Freeing Yourself from Destructive Thoughts and Emotions.* New York:

Guilford Press.

Harris, Dan. 2014. *10% Happier: How I Tamed the Voice in My Head, Reduced Stress Without Losing My Edge, and Found Self-Help That Actually Works——A True Story.* New York: IT Books.

Kabat-Zinn, Jon. 2013. *Full Catastrophe Living: Using the Wisdom of Your Body and Mind to Face Stress, Pain, and Illness.* Rev. and updated ed. New York: Bantam Books.

Langer, Ellen. 2014. *Mindfulness.* 25th anniversary ed. Boston: Da Capo Press.

Neff, Kristin. 2010. *Self-Compassion: Stop Beating Yourself Up and Leave Insecurity Behind.* New York: William Morrow.

Salzberg, Sharon. 2010. *Real Happiness: The Power of Meditation. A 28-Day Program.* New York: Workman Publishing.

Williams, Mark, and Danny Penman. 2011. *Mindfulness: An Eight-Week Plan for Finding Peace in a Frantic World.* New York: Rodale Books.

精简和收纳房间类书籍

Becker, Joshua. 2014. *Clutterfree with Kids: Change Your Thinking. Discover New Habits. Free Your Home.* Peoria, AZ: Becoming Minimalist Press.

Green, Melva, and Lauren Rosenfeld. 2014. *Breathing Room: Open Your Heart by Decluttering Your Home.* New York: Atria Books.

Jay, Francine. 2010. *The Joy of Less, A Minimalist Living Guide: How to Declutter, Organize, and Simplify Your Life.* Medford, NJ: Anja Press.

Kondo, Marie. 2014. *The Life-Changing Magic of Tidying Up: The Japanese Art of Decluttering and Organizing.* Berkeley, CA: Ten Speed Press.

引导冥想

Clarke, Carolyn. 2012. *Imaginations: Fun Relaxation Stories and Meditations for Kids (Volume 1)*. Charleston: CreateSpace.

Clarke, Carolyn. 2014. *Imaginations: Fun Relaxation Stories and Meditations for Kids (Volume 2)*. San Diego, CA: Bambino Yoga.

Kerr, Christiane. 2005. *Enchanted Meditations for Kids*. Borough Green, Kent, UK: Diviniti Publishing. Audiobook and compact disc.

Kerr, Christiane. 2005. *Bedtime Meditations for Kids*. Borough Green, Kent, UK: Diviniti Publishing. Audiobook and compact disc.

Kerr, Christiane. 2007. *Mermaids and Fairy Dust: Magical Meditations for Girls of All Ages*. Borough Green, Kent, UK: Diviniti Publishing. Audiobook and compact disc.

Kluge, Nicola. 2014. *MindfulnessforKidsI: 7 Children's Meditations & Mindfulness Practices to Help Kids Be More Focused, Calm, and Relaxed*. Houston: Arts and Education Foundation. Book and compact disc.

Kluge, Nicola. 2014. *Mindfulness for Kids II: 7 Children's Stories & Mindfulness Practices to Help Kids Be More Focused, Calm, and Relaxed*. Houston: Arts and Education Foundation. Compact disc.

Pincus, Donna. 2012. *I Can Relax! A Relaxation CD for Children*. Boston: The Child Anxiety Network. Compact disc.

Roberton-Jones, Michelle. 2013. *Bedtime: Guided Meditations for Children*. Tring, UK: Paradise Music. Audiobook and compact disc.

Saltzman, Amy. 2007. *Still Quiet Place: Mindfulness for Young Children*. Portland: CD Baby. Compact disc.

Sukhu, Chitra. 2002. *Guided Meditation for Children—Journey into the Elements*. Playa Del Ray, CA: New Age Kids. Compact disc.

应用程序（APPs）

Buddhify. This app includes over eighty guided meditations of different lengths and for a variety of situations. Most appropriate for adults. $4.99 on iTunes, $2.99 on Google Play.

Calm.com. Website and app with guided meditations for adults; appropriate for children as well. Free on iTunes and Google Play.

Enchanted Meditation for Kids 1, by Christiane Kerr. This app includes guided meditations such as "Jellyfish Relaxation" and "The Magic Rainbow" for children ages three to nine. $2.99 on iTunes, $3.36 on Google Play.

Headspace. Includes a variety of "meditation packs" of different lengths and themes. Most appropriate for adults. Ten guided meditations are free on iTunes and Google Play; additional meditations available for a fee.

Insight Timer. Meditation timer and guided meditations for adults. Free on iTunes and Google Play.

iZen Garden. This app transforms your smartphone screen into a portable Zen garden. Use your fingers to trace the sand or move the stones as you design your garden. $3.99 on iTunes and Google Play.

Meditate Now Kids, by Hansen Stin. Includes five guided meditations for kids: feel better, calm down, take a magical vacation, go on an adventure, and fall asleep. $1.99 on iTunes.

Meditation——Tibetan Bowls, by RockCat Studio Limited. Choose a singing bowl and tap it to hear the sound. Appropriate for children and adults. Free on iTunes and Google Play.

My First Yoga——Animal Poses for Kids, by the Atom Group. This app leads children through a variety of easy animal yoga poses. Companion to the book of the same name, by Abbie Davies. Free on iTunes.

Smiling Mind. Guided meditations for children and adolescents, ages seven and up. Free to try on iTunes and Google Play.

ZenFriend. Meditation timer and tracker with guided meditations. Free on iTunes, upgrades available

参考文献

1. Ames, C., J. Richardson, S. Payne, P. Smith, and E. Leigh. 2014. "Mindfulness-Based Cognitive Therapy for Depression in Adolescents." *Child and Adolescent Mental Health* 19 (1): 74–78.
2. Beach, S. R. 2014. "40 Ways to Bring Mindfulness to Your Days." *Left Brain Buddha* (blog), April 21. http://leftbrainbuddha.com/40-ways-bring-mindfulness-days/.
3. Bei, B., M. L. Byrne, C. Ivens, J. Waloszek, M. J. Woods, P. Dudgeon, G. Murray, C. L. Nicholas, J. Trinder, and N. B. Allen. 2013. "Pilot Study of a Mindfulness-Based, Multi-Component, InSchool Group Sleep Intervention in Adolescent Girls." *Early Intervention in Psychiatry* 7 (2): 213–20.
4. Black, D., and R. Fernando. 2014. "Mindfulness Training and Classroom Behavior Among Lower-Income and Ethnic Minority Elementary School Children." *Journal of Child and Family Studies* 23 (7): 1242–46.

5. Borchard, T. 2013. "Sanity Break: How Does Mindfulness Reduce Depression? An Interview with John Teasdale, PhD." *Everyday Health*, November 11. http://www.everydayhealth.com/columns/therese-borchard-sanity-break/how-does-mindfulness -reduce-depression-an-interview-with-john-teasdale-ph-d/.
6. Brown, P. L. 2007. "In the Classroom, a New Focus on Quieting the Mind." *New York Times*, June 16. http://www.nytimes .com/2007/06/16/us/16mindful.html.
7. Centers for Disease Control and Regulation. 2014. "Attention Deficit/Hyperactivity Disorder: Data and Statistics." http:// www.cdc.gov/ncbddd/adhd/data.html/.
8. Chai, P. 2012. "Natural Born Chillers." *Daily Life*, February 13. http://www.dailylife.com.au/life-and-love/parenting-and-families/natural-born-chillers-20120213-1qx87.html/.
9. Cohen Harper, J. 2013. *Little Flower Yoga for Kids: A Yoga and Mindfulness Program to Help Your Child Improve Attention and Emotional Balance*. Oakland, CA: New Harbinger Publications.
10. Flook, L., S. L. Smalley, M. J. Kitil, B. M. Galla, S. Kaiser Greenland, J. Locke, E. Ishijima, and C. Kasari. 2010. "Effects of Mindful Awareness Practices on Executive Functions in Elementary School Children." *Journal of Applied School Psychology* 26 (1): 70–95.
11. Hölzel, B., S. W. Lazar, T. Gard, Z. Schuman-Olivier, D. R. Vago, and U. Ott. 2011. "How Does Mindfulness Meditation Work? Proposing Mechanisms of Action from a Conceptual and Neural Perspective." *Perspectives on Psychological Science* 6 (6): 537–59.
12. Kailus, J. 2014. "How to Become a Mindful Parent: An Interview with Jon and Myla Kabat Zinn, authors of *Everyday Blessings: The Inner Work of Mindful Parenting*." *Gaiam Life*. http://life .gaiam.com/article/how-become-mindful-parent/.

13. Kaiser Greenland, S. 2010. *The Mindful Child: How to Help Your Kid Manage Stress and Become Happier, Kinder, and More Compassionate.* New York: Free Press.
14. Kuyken, W., K. Weare, O. C. Ukoumunne, R. Vicary, N. Motton, R. Burnett, C. Cullen, S. Hennelly, and F. Huppert. 2013. "Effectiveness of the Mindfulness in Schools Programme: Non-Randomised Controlled Feasibility Study." *The British Journal of Psychiatry* 203 (2): 126–31.
15. Lazarus, R. 1966. *Psychological Stress and the Coping Mechanism.* New York: McGraw-Hill.
16. MacLean, K. L. 2009. *Moody Cow Meditates.* Somerville, MA: Wisdom Publications.
17. McCloud, C. 2006. *Have You Filled a Bucket Today? A Guide to Daily Happiness for Kids.* Northville, MI: Ferne Press.
18. Mendelson, T., M. T. Greenberg, J. K. Dariotis, L. F. Gould, B. L. Rhoades, and P. J. Leaf. 2010. "Feasibility and Preliminary Outcomes of a School-Based Mindfulness Intervention for Urban Youth." *Journal of Abnormal Child Psychology* 38 (7): 985–94.
19. Miller, K. M. 2009. "How to Meditate." *Cheerio Road* (blog), July 11. http://karenmaezenmiller.com/how-to-meditate/.
20. Nhat Hanh, T. 2011. *Planting Seeds: Practicing Mindfulness with Children.* Berkeley, CA: Parallax Press.
21. Payne, K. J., and L. Ross. 2010. *Simplicity Parenting: Using the Extraordinary Power of Less to Raise Calmer, Happier, and More Secure Kids.* New York: Ballantine Books.
22. Razza, R., D. Bergen-Cico, and K. Raymond. 2015. "Enhancing Preschoolers' Self-Regulation via Mindful Yoga." *Journal of Child and Family Studies* 24 (2): 372–85.
23. Saltzman, A. 2014. *A Still Quiet Place: A Mindfulness Program for Teaching Children and Adolescents to Ease Stress and Difficult Emotions.*

Oakland, CA: New Harbinger Publications.
24. Salvucci, D., and N. Taatgen. 2010. *The Multitasking Mind*. New York: Oxford University Press.
25. Salzberg, S. 2010. *Real Happiness: The Power of Meditation*. New York: Workman Publishing.
26. Srinivasan, M. 2014. *Teach, Breathe, Learn: Mindfulness in and out of the Classroom*. Oakland, CA: Parallax Press.
27. Tan, L., and G. Martin. 2015. "Taming the Adolescent Mind: A Randomised Controlled Trial Examining Clinical Efficacy of an Adolescent Mindfulness-Based Group Programme." *Child and Adolescent Mental Health* 20 (1): 49–55.
28. Tippett, K. 2009. "God Has a Sense of Humor, Too." Radio interview with Jon Kabat-Zinn on On Being, April 16. http://www.onbeing.org/program/opening-our-lives/138/.
29. Willard, C. 2010. *Child's Mind: Mindfulness Practices to Help Our Children Be More Focused, Calm, and Relaxed*. Oakland, CA: Parallax Press.
30. Willems, M. 2003. *Don't Let the Pigeon Drive the Bus*. New York: Hyperion.

为本书提供帮助的父母们

我在此对以下几位父母表示最真挚的感谢,是他们在自己的家庭中致力于践行和传授正念与爱的理念,也正是因为他们拥有如此善良和慷慨的心灵,与我无私分享他们的智慧、知识和经验,这本书才得以面世。

埃里森·安德鲁斯(Allison Andrews),心理学博士,临床心理学家。http://www.allison andrewspsyd.com/。

丽塔·阿伦斯(Rita Arens),青年文学小说《显而易见的游戏》(*The Obvious Game*)作者。http://www.blogher.com/myprofile/rita-arens。

杰西卡·博格·格罗斯(Jessica Berger Gross),作家、瑜伽教练,《启示:我是如何通过瑜伽垫、新鲜菠萝和一只小猎犬减掉40磅的》(*Enlightened: How I Lost 40 Pounds with a Yoga Mat, Fresh Pineapple, and a Beagle Pointer*)作者。 http://www.jessicabergergross.com/。

詹娜·博乔（Janah Boccio），社会工作者、临床医疗社工。

妮可·丘吉尔（Nicole Churchill），医学硕士、医学博士，持证音乐治疗师和 Samadhi Integral 的共同创始人。http://www.samadhiintegral.com。

詹妮弗·科恩·哈珀（Jennifer Cohen Harper），小花瑜伽创始人、《小花儿童瑜伽项目：瑜伽与正念帮助孩子提高注意力和情感平衡力》(*Little Flower Yoga for Kids: A Yoga and Mindfulness Program to Help Your Child Improve Attention and Emotional Balance*) 作者。http://www.littlefloweryoga.com/。

埃斯特尔·伊拉斯姆斯（Estelle Erasmus），记者、作家和前杂志编辑。http://www.musingsonmotherhoodmidlife.com/。

南希·金笛·巴特勒（Nanci Ginty Butler），社会工作者、临床医疗社工。

艾普丽尔·哈德利（April Hadley），社会福利硕士，大急流城心灵中心（Grand Rapids Center for Mindfulness）共同创始人之一。http://grandrapidscenterformindfulness.com/。

丹亚·海德斯曼（Danya Handelsman），儿科理疗师兼家长教练。http://www.danyaparentcoach.org/。

吉娜·哈桑（Gina Hassan），博士，正念教师兼心理学家。http://www.ginahassan.com/。

约书亚·赫齐格（Joshua Herzig-Marx），我的丈夫。

达拉·詹姆斯（Dara James），医学硕士，正念饮食专家。

艾琳·克雷恩（Ellie Klein），家庭恢复性瑜伽机构老板。http://www.familyrestore.com/。

布莱恩·利夫（Brian Leaf），硕士，《育儿瑜伽师的不幸遭遇》(*Misadventures of a Parenting Yogi*) 作者。http://www.misadventures-of-a-yogi.com/。

乔希·洛贝尔（Josh Lobel），三个孩子的父亲，专注于正念的践行者。

艾莉森·奥德丽斯·洛布隆（Alison Auderieth Lobron），硕士，幼儿教育家、作家。http://frootloopsblog.wordpress.com/。

妮娜·马诺森（Nina Manolson），硕士，CHC，综合健康教练、饮食心理教练、女人营养王国的创始人。http://www.ninamanolson.com/。

希拉·麦克雷斯（Sheila McCraith），《少吼多爱：橙色犀牛妈妈如何停止对孩子大吼大叫——你如何也能做到！》(Yell Less, Love More: How the Orange Rhino Mom Stopped Yelling at Her Kids—— And How You Can Too!）作者。http://theorangerhino.com/。

丽莎·A. 麦克罗汉（Lisa A. McCrohan），临床医疗社工、执业瑜伽师。http://www.barefootbarn.com/。

林赛·米德（Lindsey Mead），作家。http://www.adesignsovast.com/。

乔希·米斯纳（Josh Misner），博士，博客"有思想的爸爸"作者。http://mindfuldad.org/。

梅根·纳坦森（Meghan Nathanson），作家、艺术家。http://www.meghannathanson.com/。

希拉·派（Sheila Pai），家长教练、A Living Family 机构创始人。http://www.sheilapai.com/。

米兰达·菲利普斯（Miranda Phillips），教师兼社区组织者。

莎拉·鲁德尔·比奇（Sarah Rudell Beach），医学博士，Brilliant Mindfulness 公司执行董事、正念导师，博客"左脑佛陀"（Left Brain Buddha）作者。http://www.brilliantmindfulness.com/。

拉比·丹娅·鲁滕伯格（Rabbi Danya Ruttenberg），《培育奇迹：育儿是一种震惊上帝的精神体验：我是如何学会远离人世烦忧，爱上宗教的》（Nurturing the Wow: Parenting as a Spiritual Practice and Surprised by God: How I Learned to Stop Worrying and Love Religion）作者。http://danyaruttenberg.net/。

萨拉·斯凯勒（Sara Schairer），Compassion It 机构创始人。

http://www.compassionit.com/。

妮可·斯奈德（Nicole Snyder），Inspired Family 机构创始人之一。http://inspiredfamily.us/。

艾丽卡·斯特莱特·卡普兰，社会福利硕士，公共卫生硕士，社会工作者、公共卫生专业人士。

苏珊·惠特曼（Erica Streit-Kaplan），执业助理医师、综合健康教练、Trail to Wellness 机构创始人。http://www.trailtowellness.com/。